알기쉬운

건축측량

정영배 한천구 이학기 이상범 임남기 정구용 편저

기문당

처음에

···· 본서는 건축학과 학생 또는 건축 리모델링 및 실내인테리어를 전공하는 학생뿐 아니라 건축설계 디자이너 그리고 측량을 처음으로 배우는 건축기술자를 대상으로 보다 편의성을 고려하여 편집 저술하였다.

본서는 원서 '圖說 建築測量' 을 토대로 현 건축분야에 맞게 알기 쉽도록 편저한 것이다.

측량의 기본에 보다 충실하면서도 건축측량의 활용에 유익하도록 구성하였으며 누구나 쉽게 이해할 수 있도록 되어 있다.

따라서 건축분야에서 측량에 대해 궁금한 것에 대한 해결이나 건축측량의 활용에 좋은 길라잡이의 초석이 되리라 믿는다.

끝으로 본서가 출판될 수 있도록 배려와 지도를 아끼지 않고 출판에 필요한 그림작업 등의 많은 후원을 해주신 기둔당의 강해작 사장님과 편집부 관계자 여러분께 깊이 감사드립니다.

2006. 8

편저자

차 례

01

측량의 개요

1.1 측량의 의의와 분류

1.1.1 측량의 의의

측량은 지구나 우주공간에 존재하는 어떤 물체에 대한 위치와 특성을 알기 위하여 해석하는 것으로서, 그 물체는 지표면, 지하, 수중 및 해양 그리고 우주공간 등 인간 활동이 미칠 수 있는 모든 영역에 이른다. 측량은 형상, 크기, 위치 결정 등의 정량적 해석뿐 아니라 특성을 해석하는 정성적 해석이 가능하다.

1.1.2 측량의 역사

측량은 지도 제작뿐 아니라 수학, 전자공학, 천문학, 지구물리학, 지리학, 지질학 등의 일반과학과 더불어 발달해 왔으며, 특히 측지학, 토목·건축공학, 군사학의 발달과 깊은 관련을 가지고 있다.

(1) 측량기술의 발달

측량이 시작된 것은 명확하지 않지만, 기원전 3,000년경 고대문명의 발달과 더불어 시작되었다고 본다. 피라미드(pyramid) 건설을 위하여 거리와 각도를 재었으며, 바빌로니아(Babylonia)사람들과 이집트(Egypt)사람들의 사원 건설에 쓰였고, 또 이집트에서는 매년 나일 강의 홍수로

농경지가 유실됨에 따라 이를 정리하기 위해 측량이 시작되었다. 또 15세기에 와서 아라비아 사람에 의하여 컴퍼스(compass)가 발명되었고, 삼각측량법은 17세기 초에 네덜란드의 스넬리우스(Snellious)에 의하여 고안되었다. 그리고 프랑스의 버니어(Vernier, P.)는 어미자와 아들자의 원리를 이용하여 버니어를 발명함으로써 측량의 정확도 향상에 혁신을 가져 왔다. 1654년 영국의 가스코인(Gascoigne)이 십자선과 스타디아 측량법을 고안하였으며, 1670년 오글비(Ogilive, J.)는 트래버스 측량방법을 고안하였다. 그 후 1740년에 시슨(Sisson)이 Y레벨, 1831년에 영(Young)이 트랜싯을 발명하였고, 1848년에는 그라바트(Gravatt)가 덤피레벨을 각각 발명하였다.

사진측량 분야에서는 1859년 프랑스의 로세다(Laussedat, Aime)에 의하여 실제 사진측량이 가능하게 되었으며, 1909년에는 독일의 풀프리히(Pulfrich, Karl)에 의하여 입체 도화기가 발명되었다. 그 후 제1, 2차 세계대전 동안에는 측량기구의 급속한 발달로 지도 제작기술이 고도화되면서 측량기술의 신기원을 이루게 되었고, 이어 항공기에 의한 항공사진 측량이 본격화되면서 대규모 지역에 대한 측량을 효율적으로 할 수 있게 되었다.

(2) 우리나라의 측량사

삼국사기와 삼국유사에서 6세기부터 7세기까지 우리나라 측량이 발달되었음을 알 수 있으며 고려시대에는 고려지리도, 삼국사기지리지 등이 제작되었다.

조선시대 초에는 2종의 세계지도인 혼일강리역대국도지도, 천하도와 이회의 팔도지도가 있었고, 조선중기에는 축척의 개념을 뚜렷이 한 정상기의 동국지도와 조선말기 고산자 김정호의 청구도(1834), 대동여지도(1861) 등이 있었다. 특히 대동여지도는 청구도의 내용을 보충하고 사용하기 편리하도록 만들어진 지도로 축척은 약 1 : 162,000이며, 전국

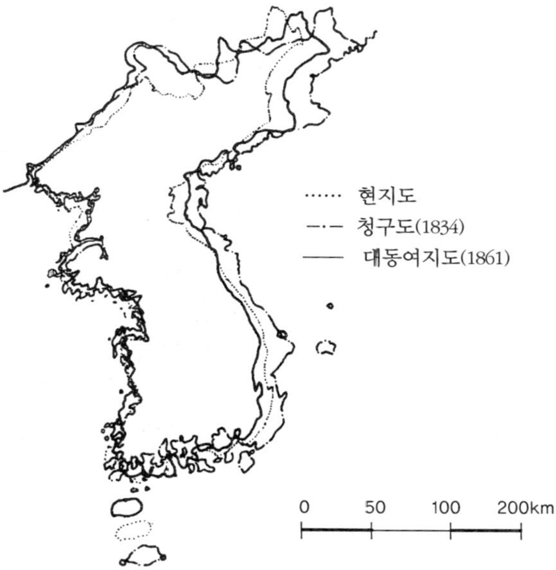

그림 1-1 대동여지도, 청구도

을 22단으로 나누어 도로선상에 십리간격으로 점을 찍고, 하천 · 바다 · 산 · 산맥 등을 일정한 기호로 잘 표시하였다.

그림 1-1은 청구도, 대동여지도 및 현재 지도를 동일 축척으로 비교한 것이다. 국가적인 사업으로서 현대적 측량지도 및 지도제작 사업의 시행은 조선말기에 이를 때까지 계획조차 없었다. 그 후에 구한말 우리 정부는 1910년에 토지조사사업의 시행계획을 수립하였으나, 일본의 강제 점령으로 그 계획마저 중단되고 말았다. 이 계획은 일본에 의하여 계승되어 8년 10개월 만에 마무리되었다.

1910년부터 1918년 사이에 실시한 측량에는 편의상 일본의 경 · 위도 원점(도쿄원점)을 기준으로 일본 대마도의 삼각점과 부산의 절영도(목도산), 거제도(옥녀봉)의 삼각점을 사변형만으로 연결하고, 이 두 삼각점을 본점으로 하여 그림 1-2와 같은 전국의 대삼각본점망을 구성하였다.

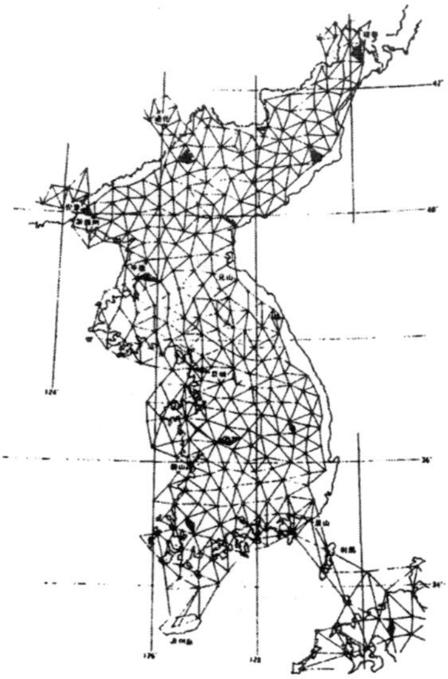

그림 1-2 전국 대삼각본점망

그림 1-3 표석

그림 1-3은 당시의 대삼각본점(1등 삼각점) 표석을 나타낸 것이다. 또한 높이의 기준은 1911년 7월부터 약 3년간 관측한 청진, 원산, 목포, 인천, 진남포의 평균 해수면의 높이를 이용하였으며, 이들을 기준으로 전국에 수준점을 매설하였다. 해방직후인 1945년 9월 우리나라 원판(축척 1 : 50,000)을 인수한 미군은 1948년 8월 대한민국정부 수립과 함께 지도원판을 우리나라에 이관하였고, 그 당시의 측량 및 지도제작사업은 미군의 지원을 받고 있던 우리의 군이 전담하였다. 한국전쟁의 발발로 군용지도의 수요가 급격히 증가하자 육군에서는 구판 축척 1 : 50,000 지도를 단색에서 다색으로 재편집하는 한편, 지명을 한자에서 한글로 지도 투영을 TM(transverse mercator) 좌표계에서 UTM(universal transverse mercator)

좌표계로 변환하는 등 다채로운 수정 또는 개정하였다.

1958년 4월에는 국방부 산하기관으로 지리연구소가 발족됨으로써 국가적 기관으로서의 측지기구의 첫 탄생을 보게 되었고, 그 후 국토개발 및 건설의 계획 실시에 필요한 지도를 비롯한 각종 국토정보 자료의 효율적 공급을 목적으로 1961년 2월 국립건설연구소로 측지업무가 이관되었다.

국립건설연구소는 한국전쟁 등으로 완전히 망실 또는 파손된 수준점을 정비하였고, 1963년에는 인천에 수준원점을 설치함으로써 국토의 높이의 기준을 설정하였다.

그리고 항공사진 측량용 카메라, 정밀도화기 등 최신 장비의 확보와 전문기술자의 해외 훈련 등으로 우리의 지도제작 능력을 현대화하는 기반을 구축하게 됨에 따라 1967년부터 항공사진측량 방법에 의한 축척 1 : 25,000 지형도를 제작하기 시작하여 축척 1 : 50,000 지도 239도엽과 축척 1 : 250,000 지세도 13도엽도 아울러 편집 제작하였다. 1970년대에 접어들면서 국토개발을 위한 각종 시책이 활성화됨에 따라 국립건설연구소 내의 측지기능을 분리하여 1974년 11월 건설부 국립지리원이 창설되었다.

1.1.3 측량의 분류

측량은 측량구역의 대소, 목적 또는 사용기기 등에 따라 여러 가지 방법으로 나누어진다.

(1) 측량구역의 대 · 소에 따른 분류

① 평면측량

지표면의 일부를 평면이라고 생각한 측량을 평면측량이라고 한다. 거리의 정확도를 10^6 이내로 하면, 반경 약 11km 범위 내를 평면으로 생각할 수 있다. 건축측량에서는 평면측량이 대상이 된다.

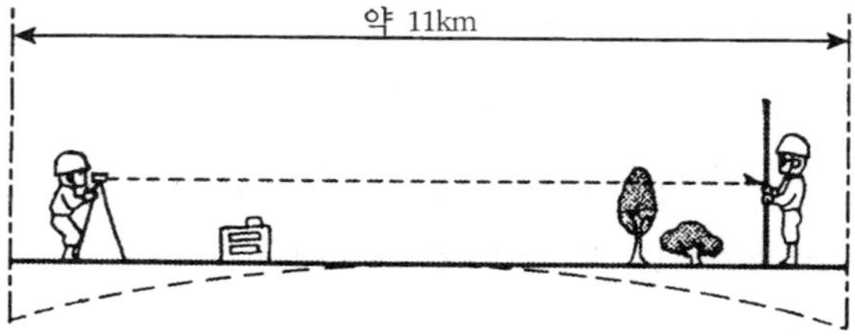

② 측지측량

지구의 곡률을 고려하여 실시하는 측량으로서 측지측량 혹은 대지측량이라고 한다.

(2) 목적에 따른 분류

① 거리측량

2점간의 거리를 재는 측량을 말한다.

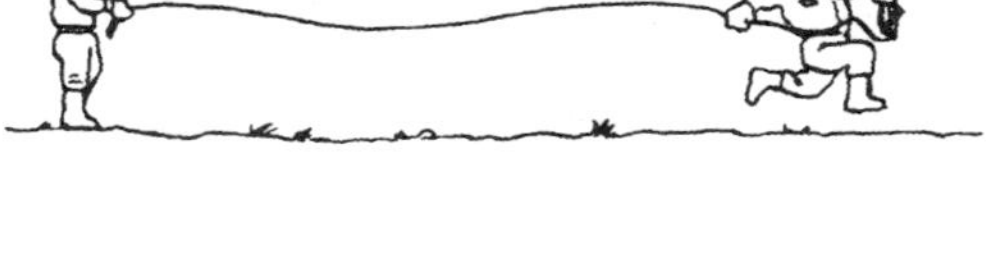

② 각측량

망원경을 갖춘 트랜싯이라고 불리어지는 정밀한 측량기구를 이용하는 측량으로서 주로 수평각, 연직각의 측량이 이루어진다.

③ 수준측량

A, B 2점간의 고저차를 재는 측량을 말한다.

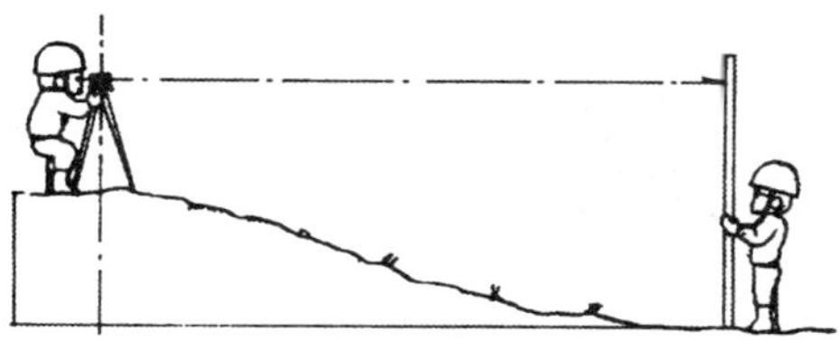

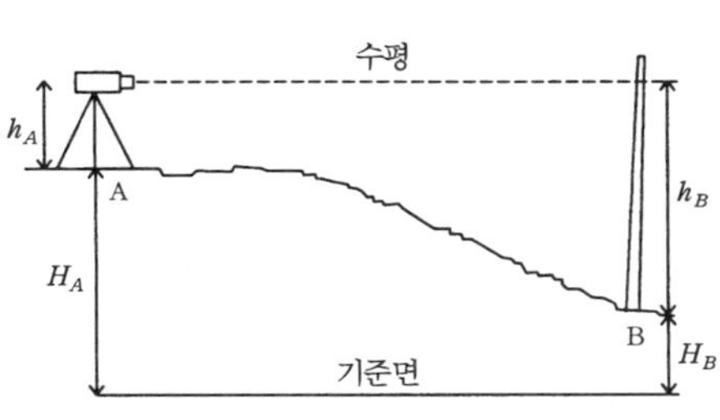

그림 1-4 A점의 수준측량

B점의 표고를 H_B로 한다.

A점의 표고 H_A는?

$$H_A = H_B + h_B - h_A$$

(3) 사용기구에 의한 분류

① 측쇄측량

주로 줄자만으로 행하는 측량을 말한다.

② 평판측량

평판을 이용하여 현장에서 직접 작도하는 측량을 말한다.

③ 트랜싯측량

(2)의 ②와 같이 트랜싯을 사용하는 각측량을 말한다.

④ 레벨측량

레벨을 이용하는 수준측량을 말한다.

⑥ 스타디아측량

트랜싯의 망원경 내에 있는 스타디아선을 이용하여 거리와 고저차의 측량을 간접적으로 행하는 방법이다. 그림 1-5에 나타낸 것과 같이 스타디아선의 상하간격을 i, 기구의 중심과 대상물의 렌즈 빛의 중심과의 거리를 d, 대상물의 렌즈의 초점거리를 f, 스타디아선에 의한 표척의 짧은 길이를 i, AB간의 거리를 D라고 하면, 삼각형의 상사비례로부터,

$$i/l = f/D_1$$

$$\therefore D_1 = (f/i) \cdot l \qquad (1-1)$$

또,

$$D = D_1 + d + f = (f/i) \cdot l + d + f \qquad (1-2)$$

$$f/i = Kd + f = C \qquad (1-3)$$

정리하여,

$$D = K \cdot l + C \qquad (1-4)$$

위 식이 스타디아측량의 기본공식이다. K, C를 스타디아정수라고 하고, K를 제곱정수, C를 추가정수라고 한다. 거의 모든 기구에서는 $K=100$, $C=0$이 되도록 설계되어 있다.

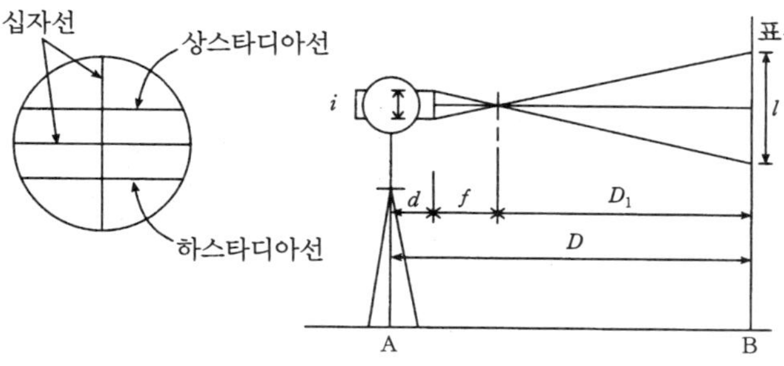

그림 1-5 스타디아 측량의 원리

예제 1-1 | $K=100$, $C=0$, $l=0.425$m**일 때** D**를 구하시오.**

$$D = 100 \times 0.425 = 42.5\text{m}$$

⑦ 컴퍼스측량

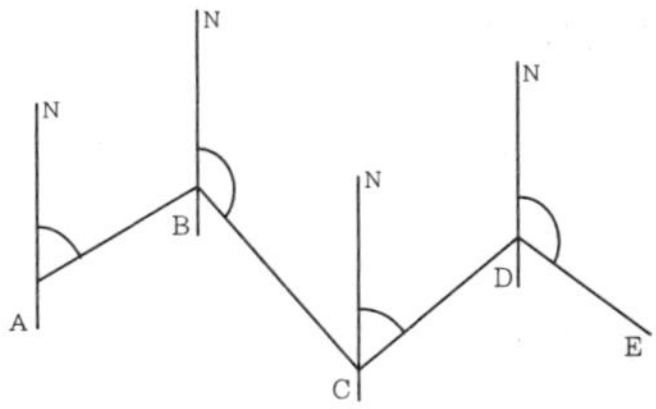

컴퍼스, 다시 말해 자침을 이용하여 각도를 측정하고 지점의 위치를 구하는 방법이다.

⑧ 사진측량

공중사진을 토대로 측량하고 지형도 작성, 판독 등을 한다.

(4) 측량대상에 의한 분류

① 지형측량

지형 · 지물의 위치와 형상을 조사하고 일정한 축척의 지형도를 작성하는 측량을 말한다.

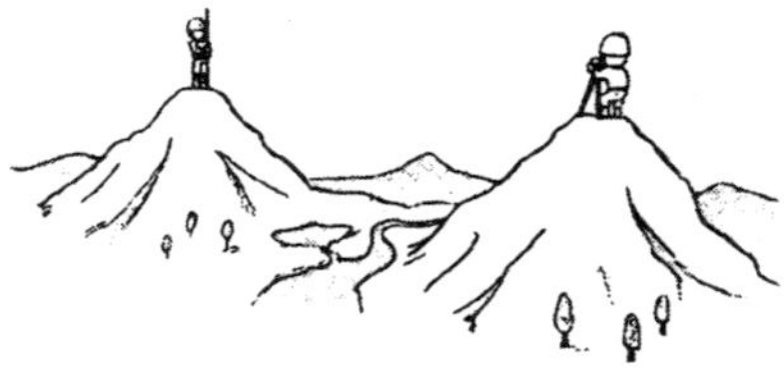

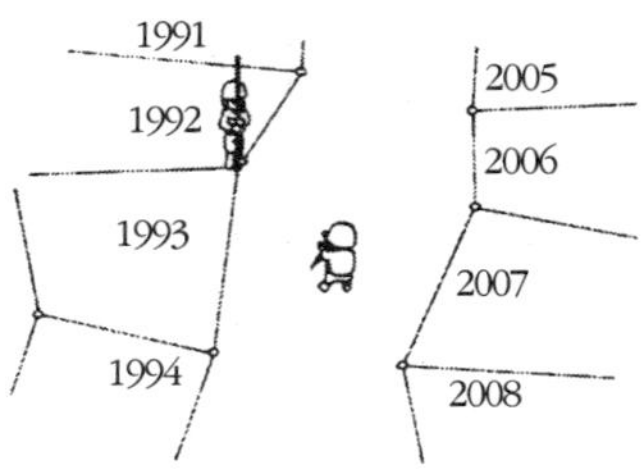

② 지적측량

토지의 소유자, 지번, 지목(토지 이용구분)의 조사, 경계의 결정, 면적의 측정 등을 실시하는데, 이들의 지도를 작성하는 측량을 말한다.

③ 시가지측량

시가지에 있어서 행하는 측량으로, 건물, 도로, 철도, 하천 등의 위치와

크기 정도를 재어 지도를 만드는 측량을 말한다.

④ 농지측량

논과 밭이나 경계선의 방향, 길이를 재어 도면을 만들며, 면적을 계산하거나 논과 밭의 고저차 등을 재는 측량을 말한다.

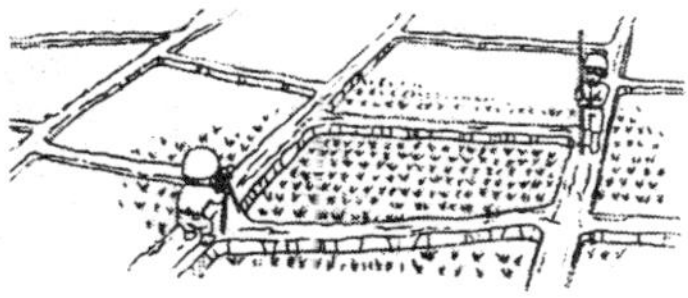

⑤ 수림측량

수림의 경계를 확인하고 그 구획을 명확히 하거나 면적을 계산하는 측량을 말한다.

⑥ 항만(해양)측량

축항과 그에 따른 매립을 대상으로 할 경우에 실시하는 측량을 말한다.

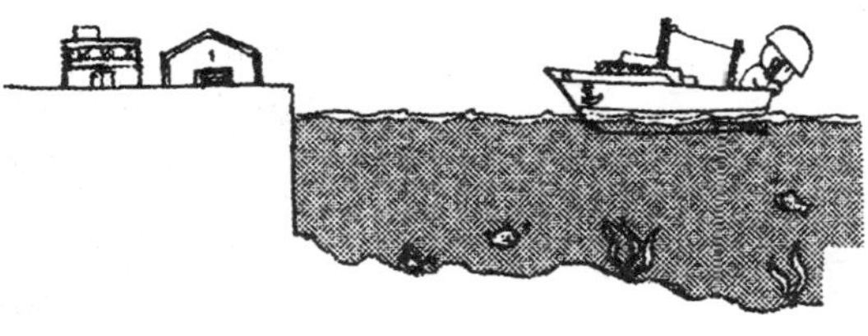

⑦ 하천측량

하천공사를 하기 위해 현황을 명확히 하는 측량을 말한다.

⑧ 노선측량

도로, 철도, 운하 등의 폭이 좁고 긴 구역의 측량을 말한다.

⑨ 터널측량

교통로 또는 수로가 산악에 부딪쳤을 때, 그것을 뚫어 만드는 도로에 관한 측량을 말한다.

⑩ 광산측량

광산과 관계된 모든 측량을 말한다.

⑪ 건축측량

건축물의 계획과 공사시공에 관한 측량이며 본 편저에서 다루게 될 측량을 말한다.

⑫ 천문측량

천체의 고도, 방향각, 시각을 관측하여 지구상의 위치, 방위 등을 정하는 측량을 말한다.

(5) 정확도를 고려한 분류

① 골조측량 또는 기준점측량

넓은 지역을 측량하는 데는, 먼저 그 지역 전체의 기준이 되는 점(기준점)을 설치하고, 그 점들의 위치를 소정의 정확도로 측량한다. 이것을 골조측량 또는 기준점측량이라 한다.

② 세부측량

기준점의 위치가 결정되면, 이 점들을 기준으로서 정확도가 낮은 측량방법으로 세부에 대해 측량을 한다. 이것을 세부측량이라 한다.

(6) 측량법에 의한 분류

① 기본측량

모든 측량의 기초가 되는 측량으로 국립지리원에서 하는 것을 기본측량이라 말한다.

② 공공측량

측량에 필요한 비용의 전부 혹은 일부를 국가 또는 공공단체가 부담

하고, 보조하는 국지적 측량으로, 기본측량 이외의 측량을 공공측량이라 말한다.

1.2 측량의 원점과 좌표계

1.2.1 지구의 형상

지구의 형상은 남북이 약간 편평한 회전 타원체에 가까우며, 실제 지표면은 매우 불규칙하게 기복을 이루고 있다. 평면측량에서는 대상지역을 평면으로 간주해도 지장이 없지만, 측지측량에서는 지구의 형상을 고려한 곡면으로 간주하여 측량한다.

(1) 지구 타원체

지구는 단축 주위로 회전하는 타원체 모양을 하고 있다. 지구의 형상과 가장 가까운 회전 타원체를 지구 타원체(earth ellipsoid)라 부른다. 지구 타원체는 기하학적인 타원체이므로 굴곡이 없는 매끈한 면으로 삼각측량, 경·위도 결정, 지도제작 등의 기준이 된다.

넓은 지역의 지도를 제작할 경우에는 기준이 되는 지구 타원체에 측량의 결과를 투영하여 지도를 만들게 된다. 이 때 측량지역의 지오이드에 가장 가까운 지구 타원체를 선정해야 하며, 이러한 어느 지역의 측지계의 기준이 되는 지구 타원체를 준거 타원체(reference ellipsoid)라 한다.

각 나라마다 다른 기준계를 채택하여 오던 중 1924년 제2회 IUGC(국제 측지학 및 지구 물리학 연맹) 총회에서 헤어퍼드(Hayford) 타원체를 국제 타원체로 채택하였고, 1979년 제17회 IUGC총회에서 측정 정수의 값을 보다 높은 정확도로 결정하여 발표한 측지 기준계 GRS 80(geodetic reference system 1980)을 국제 타원체로 사용하고 있다.(표 1-1 참조)

표 1-1 중요한 지구 타원체

발표자	연도	적도 반지름 (a)km	극 반지름 (b)km	편평률 (a－b)/a	비 고
베 셀	1841	6,377,397	6,356,079	1 : 299.15	한국, 일본, 동남아, 동구권
클 라 크	1880	6,378,249	6,356,515	1 : 293.47	북미, 캐나다
헤이퍼드	1924	6,378,388	6,356,912	1 : 297.00	남미, 영국, 서유럽
GRS 80	1980	6,378,137	6,356,752	1 : 298.26	IUGC
WGS 84	1984	6,378,137	6,356,752	1 : 298.26	GPS측량의 기준

그러나 이제까지 사용하던 모든 측량결과를 완전히 새로 수정하는 데에는 막대한 시간과 비용이 소모되고 혼란이 우려되므로, 각 국은 잠정적으로 관용적인 준거 타원체 값을 사용하고 있다.

(2) 지오이드

지구 타원체는 지표의 기복과 지하 물질의 밀도차가 없다고 생각한 것이므로 실제 지구와 좀 더 가까운 모양을 결정할 필요가 있다. 지구 타원체는 기하학적으로 정의된 데 비하여 지오이드는 중력장 이론에 따라 물리학적으로 정의된 것이다.

정지된 평균 해수면(mean sea level)을 육지까지 연장한 지구 전체의 가상 곡면을 지오이드(geoid)라 한다. 일반적으로 정지하고 있는 수면은 어느 곳에서나 중력의 방향에 수직인 등퍼텐셜면(equipotential surface)을 이루고 있다. 따라서 지오이드는 지구의 평균 해수면에 일치하는 등퍼텐셜면이라고 정의할 수 있다.

일반적으로 지구상 어느 한 점에서는 지구 타원체의 법선과 지오이드의 법선이 일치하지 않으므로 그림 1－6에서와 같이 두 법선의 차이가 발생한다. 이 차이를 연직선 편차라 한다.

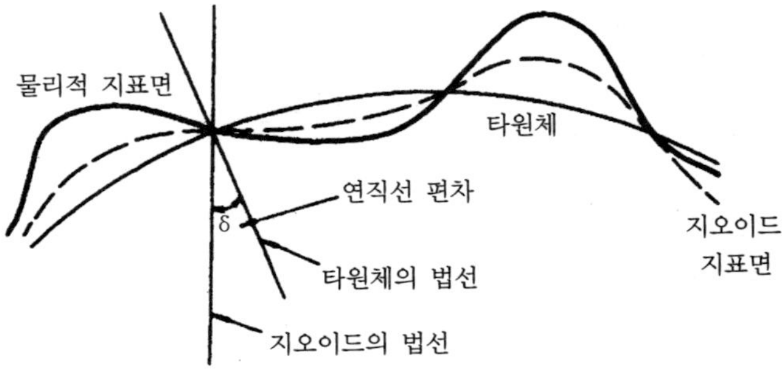

그림 1-6 지오이드와 타원체

1.2.2 평면위치의 기준

(1) 경 · 위도 원점

우리나라에서 채택하고 있는 준거 타원체는 국토 기본도(축척 1 : 50,000의 지형도)를 작성할 때 사용하였던 베셀 값을 사용하도록 규정하고 있다.

측량의 기준으로 타원체의 적도 반지름과 편평률(또는 이심률)을 정하는 것으로는 충분하지 않으며, 타원체를 지구에 어떻게 알맞게 접합시키느냐 하는 것은 매우 중요하다. 그러나 완전히 접합하는 타원체를 설정하는 일은 사실상 어려운 일이므로, 대개 지구에 적절하게 접합되는 것으로 예상되는 위치에 타원체를 고정하게 된다.

한 나라 또는 대륙의 측지망에서는 그 지역 내의 특정한 기준점, 즉 원점에 있어서 미리 채택한 타원체에 지구를 접합시키는 방법이 사용되고 있다. 우리나라에서는 그동안 일본의 원점을 우리나라의 원점으로 사용하여 왔으나, 1985년 12월 27일 국립지리원 고시 제 57호로 한국 경 · 위도 원점의 수치를 고시함으로써 오랜 숙원인 우리나라 고유의 경 · 위도 원점을 소유하게 되었다.

국립지리원 구내에 있는 우리나라 경 · 위도 원점은 1981년부터 1985년까지 정밀 천문측량을 실시함에 따라 설정된 것으로, 경도 E 127° 03′

05.145″ , 위도 N 37 ° 16′ 31.9034″ 이며, 경기도 화성군 태안면 동학산의 2등 삼각점과 이루는 방위각인 원 방위각은 170 ° 58′ 18.190″ 이다. 그림 1−7은 한국 경 · 위도 원점의 사진이다.

그림 1−7 한국 경 · 위도 원점

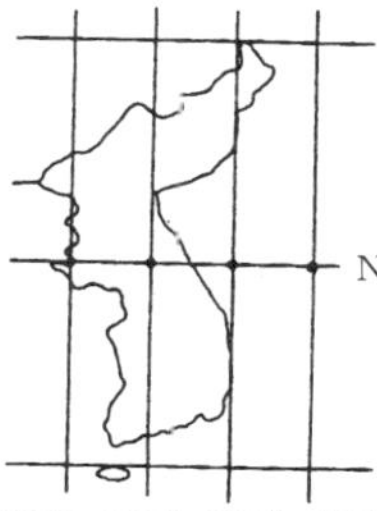

그림 1−8 우리나라의 도원점

(2) 평면 직각좌표의 원점

평면 직각좌표는 측량지역에 대해 적당한 한 점을 좌표의 원점으로 정하고, 그 평면상에서 원점을 지나는 자오선을 X축(북을 +), 동서 방향을 Y축(동을 +)이라 하고, 각 지점의 위치는 직각 좌표값 x, y로 표시된다.

우리나라의 평면 직각 좌표 원점, 즉 도원점으로 그림 1−8과 같이 베셀 타원체상 투영점의 위치에 따라 서부, 중부, 동부의 3점과 동해 및 제주의 가정 2점의 좌표계로 구분하여 사용하고 있다. 편면 직각좌표에서는 모든 점의 좌표가 양수가 되도록 종축(X축)에 500,000m(단, 제주도 지역은 550,000m), 횡축(Y축)에 200,000m를 더 한다.

표 1−2는 우리나라 평면 직각 좌표계를 나타낸 것이다.

표 1-2 우리나라 평면 직각좌표계

명 칭	투영점의 위치	평면 직각 좌표 원점의 수치	적용 지역
서부 좌표계 (서)	북위 38° 동경 125°	X = 500,000m Y = 200,000m	동경 124° ~ 동경 126°
중부 좌표계 (중)	북위 38° 동경 127°	X = 500,000m Y = 200,000m	동경 126° ~ 동경 128°
동부 좌표계 (동)	북위 38° 동경 129°	X = 500,000m Y = 200,000m	동경 128° ~ 동경 130°
동해 좌표계 (해)	북위 38° 동경 131°	X = 500,000m Y = 200,000m	동경 130° ~ 동경 132°
제주 좌표계 (제)	북위 38° 동경 127°	X = 550,000m Y = 200,000m	제주도 지역

1.2.3 높이의 기준

높이의 기준은 평균 해수면을 기준으로 한다. 우리나라에서는 평균 해수면을 알기 위해 선정한 대표적 검조장이 청진, 원산, 목포, 진남포, 인천의 5개소로 1911년 7월부터 약 3년간 관측하였다. 이들 5개소에 표석을 매설하고, 이들의 높이, 즉 수준 기점을 기준으로 하여 전국에 수준점을 매설하였다.

그림 1-9 수준 원점

그림 1-10 수준점

한국 전쟁으로 이를 기준으로 한 수준점들은 대부분 파괴되었다. 현재는 그림 1-9와 같이 1963년 인천시 용현동 253번지에 새로 설치한 것으로, 인천만의 평균 해수면으로부터 26.6871m인 점을 우리나라의 수준 원점으로 사용하고 있다. 그림 1-10은 수준점 표석을 나타낸 것이고, 그림 1-11은 수준망도를 나타내고 있다.

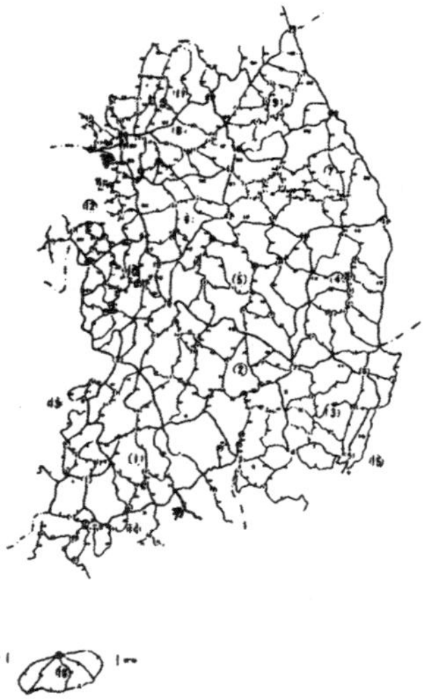

그림 1-11 수준망도

1.2.4 좌표계

지구상 위치를 표시하는데 주로 사용되는 좌표계는 평면 직각좌표계, 경·위도 좌표계, 3차원 직각좌표계, UTM 좌표계 등이 있다.

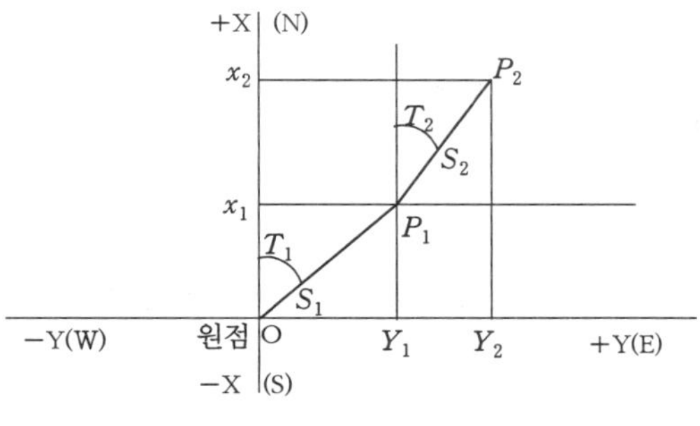

그림 1-12 평면 직각좌표

(1) 평면 직각좌표계

측량범위가 넓지 않은 일반 측량에서는 평면 직각좌표계가 널리 사용된다. 평면 직각좌표계에서는 그림 1−13과 같이 측량지역 내의 한 점을 택하여 좌표 원점으로 정하고, 그 평면상에서 원점을 지나는 자오선을 X축, 동서 방향을 Y축으로 한다. 각 점의 위치는 직각 좌표(x, y) 로 표시되며, P_1, P_2의 좌표값은 다음과 같이 구한다.

$$P_1 : x_1 = S_1 \cos T_1, \quad y_1 = S_1 \sin T_1$$

$$P_2 : x_2 = x_1 + S_2 \cos T_2, \quad y_2 = y_1 + S_2 \sin T_2 \qquad (1-5)$$

그림 1−13과 같이 평면 직각좌표계의 원점에서는 자오선과 X축 방향이 일치하지만, 원점에서 동서로 벌어짐에 따라 원점을 지나는 X축과 평행한 X′ 방향은 자오선과 서로 일치하지 않고 차이가 생기게 된다. 즉, 진북 방향 N을 기준으로 한 진북방위각 A와 방향각 T사이에는 진북 방향각(또는 자오선 수차) γ만큼의 차이가 발생한다. 진북 방향각과 자오선 수차는 그 절대 값은 똑같고 부호는 반대이다. 방위각(A), 방향각 (T), 진북 방향각(γ)의 관계는 다음과 같다.

방위각 = 방향각 − 진북 방향각 (1−6)

$$A = T - (\pm\gamma)$$

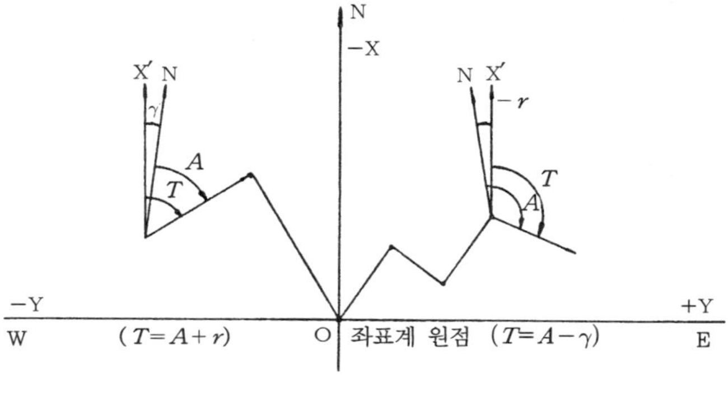

그림 1−13 방위각, 방향각, 진북 방향각

진북 방향각은 좌표 원점의 동쪽을 −, 서쪽을 +로 한다.

(2) 경 · 위도 좌표계

지구상의 절대적 위치를 표시하는데 일반적으로 널리 사용되는 좌표계로서 그림 1−14와 같이 경도 λ와 위도 φ에 의한 좌표(λ, φ)로 수평 위치를 나타낸다. 3차원 위치를 표시하려면 타원체면으로부터의 높이, 또는 평균 해수면에서의 높이로 표시한다.

이 좌표계는 영국 그리니치 천문대를 지나는 본초 자오선과 적도의 교점을 원점(경도 0°, 위도 0°)으로 하고 있으며, 경도는 본초 자오선을 기준으로 하여 어떤 지점을 지나는 자오선까지의 적도면상 각 거리 λ로 표시하는데 본초 자오선으로부터 적도를 따라 동, 서로 각각 0° 에서 180° 까지 나타낸다.

위도는 어떤 지점에서 준거 타원체에 내린 법선이 적도면과 이루는 각 φ로 표시하는데, 자오선을 따라 적도에서 남·북으로 0° 에서 90° 까지 나타낸다.

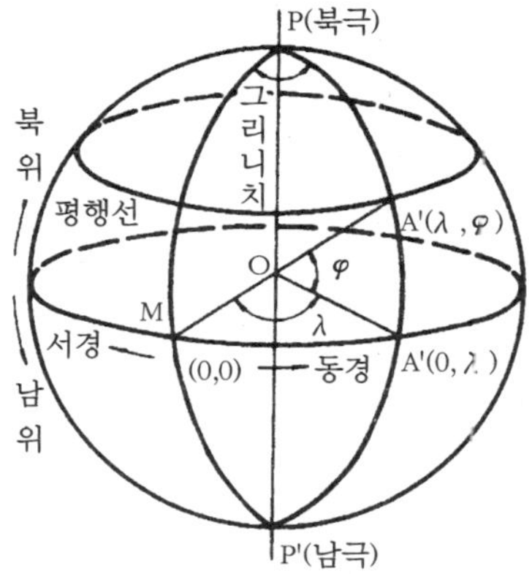

그림 1−14 경 · 위도 좌표계

(3) 3차원 직각 좌표계

종래의 측지 측량의 위치는 평면 직각좌표나 경·위도로서 수평 위치를 나타내고 지점의 높이만을 결정하는 방법을 택하여 왔으나, 인공위성이나 관측용 천체를 관측함으로써 3차원 측량을 할 수 있는 새로운 기법이 대두하게 되었다.

3차원 직각좌표는 관용적인 타원체 경·위도좌표로부터의 변환 및 그 역변환도 용이하게 수행할 수 있으며, 3차원 좌표를 사용함으로써 통일된 좌표계 확립이 가능하게 되었다. 이 좌표계는 인공위성을 이용한 위치 측정에서 주로 사용되는 좌표계로, 그림 1−15와 같이 원점은 지구 중심이며 적도면상에 X, Y축을 잡고 지구의 극축을 Z축으로 나타낸다. 그리니치 자오면과 적도면의 교선을 X축으로 하고 Y축은 X, Y축에 직교하도록 동쪽으로 택한다.

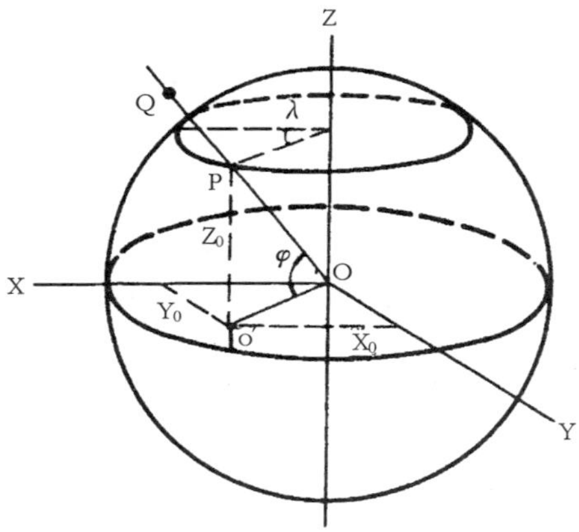

그림 1−15 3차원 직각 좌표계

(4) TM 투영법

타원체에 원통을 둘러씌우고, 타원체면을 원통면상에 투영한 후 원통을 펴보면 투영 평면이 얻어진다. 이와 같은 투영법을 TM(transverse mercator) 투영법이라 하며, 가우스(Gauss)가 도입하고 퀴르거 (Kürger)가 발전시킨 것으로서 가우스 퀴르거투영법이라 한다.

그림 1-16과 같이 이 투영법은 원통이 하나의 자오선에 접한다. 이 자오선을 원 자오선이라 하고, 이 자오선 방향을 X축, 직교하는 축을 Y축으로 하면, 원통을 펼쳤을 때 평면 직각좌표계가 얻어진다.

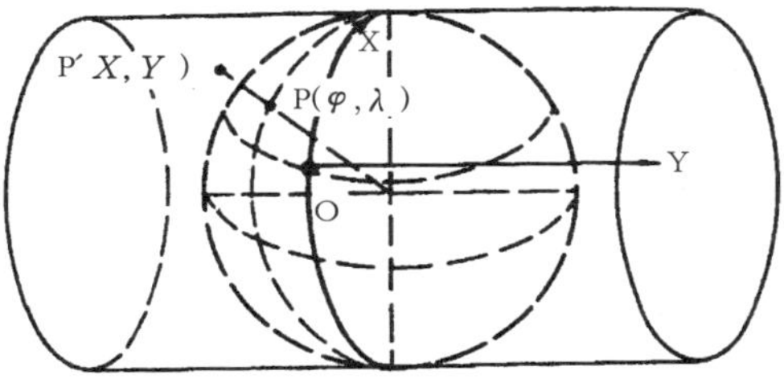

그림 1-16 TM 투영법

(5) UTM 좌표계

UTM(univirsal transverse mercator) 좌표계는 적도를 횡축, 자오선을 종축으로 한다. 지구를 회전 타원체로 보고 지구 전체에 대해서 횡대는 경도 6° 씩 60개 구역으로 나누고, 각 종대는 남북위 80° 까지만 포함시켜 8° 간격으로 20구역으로 나누어 그림 1-17과 같이 표시한다. 남북위 80° 이상의 지역은 양극을 원점으로 하여 평면 직각좌표계를 사

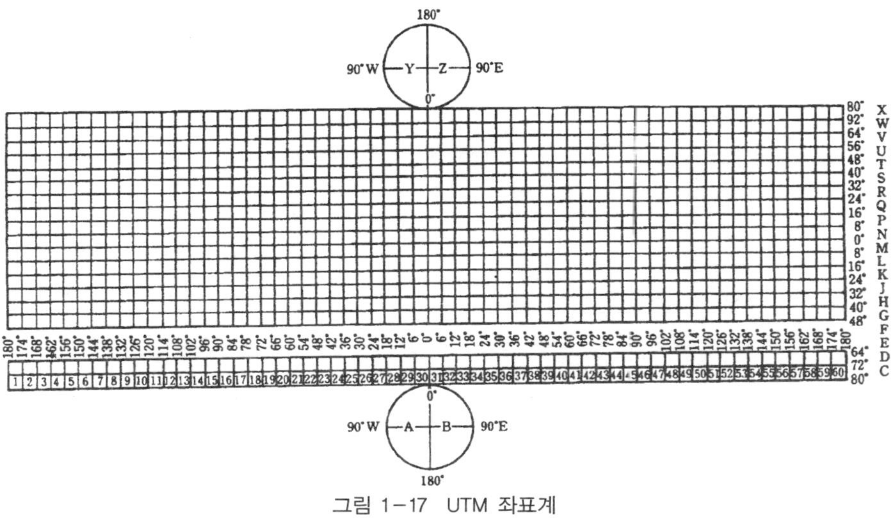

그림 1-17 UTM 좌표계

용하는 UPS(universal polar stereographic) 좌표계를 사용한다.

1.3 측량의 요령

1.3.1 측량계획

측량을 할 때에는 먼저 자료에 의하여 개략적인 계획을 세워야 한다.

① 측량 종류

② 측량 목적

③ 측량 비용

④ 측량 소요일수

⑤ 측량 사정 등을 검토 연구하고 치밀한 계획을 세워야 한다.

1.3.2 현지답사

지형과 지물을 답사하여 장애물의 유무와 측량의 난이 등을 알아내어 측량을 하는데 차질이 없도록 한다. 토지소유의 경계는 관계자의 입회하에 분명히 하고 실측도 빠짐없이 하도록 한다. 이렇게 하려면 약도를 작성하고 중요한 측점과 측선을 넣고 번호를 붙인다. 답사에서 구체적인 실측계획을 세운다.

(1) 기계 및 재료의 준비

측량을 할 때는 출발 전에 실측에 필요한 기계, 재료 등을 전부 준비하고 기계의 검사와 조정 등을 해야 한다. 기계, 기구는 정밀해야 하며, 어느 것이라도 마음대로 사용할 수 있도록 준비해야 한다.

(2) 야외작업

야외작업의 주된 것으로는 거리, 각도, 고저의 측정 및 야장기입 등이며, 다음과 같은 주의가 필요하다.

① 기본측량

모든 측량에는 기본이 되는 부분과 이에 따르는 부분이 있다. 그러므로 실제 측량에 있어서 기본이 되는 부분의 측량을 먼저 하고, 또 이것은 모든 부분의 기초가 되므로 아주 정확히 한다.

② 세부측량

기본측량을 기준으로 하여 지형, 지물의 세부를 차례로 재고 야외작업을 마친다. 측정은 틀림이 없도록 하고 중간에서 검사할 수 있는 것은 그 때마다 검사한다.

(3) 내부작업

야외작업을 마치면 실내에서 야장으로 계산과 도면화한다. 측정자료를 토대로 작업하고 본인의 예상을 첨가하여서는 안 된다. 직접 본 것을 명확히 기록하고 혹시라도 틀린 점이 생기면 확인이 될 때까지 마음대로 고쳐서는 안 된다.

① 계산

계산은 측량의 종류에 따라 차이가 있지만 거리, 면적, 표고, 고저차 등의 계산이 주된 일이 된다.

② 제도

측량도의 제도도 측량의 종류에 따라 다르지만, 골조도를 전개하고 그에 따른 세부도를 작성한다.

③ 오차의 계산

측량의 정확 여부를 알기 위한 것으로 실측오차를 계산하고, 이것이 허용오차 이내이면 오차를 조정하고 이상일 경우에는 다시 측량한다.

(4) 서류정리 및 보존

야외작업 및 내부작업에 관한 서류는 장래를 위하여 정리 보존한다. 특히 경계에는 인접지의 토지 소유자에게 먼저 확인시켜 법률상의 문제점이 없도록 한다.

(5) 야외작업의 계획과 준비사항

야외작업은 그 계획과 준비를 면밀히 하여 단시간에 정확하고 경제적으로 실시한다. 이를 위하여 항상 이론을 연구하고 기계의 원리, 구조 및 취급에 숙달되도록 실제 작업의 경험을 쌓도록 한다. 야외작업의 계획과 준비에 대한 고려사항은 다음과 같다.

① 측량할 지역의 지형 및 사회적 여건을 사전에 충분히 검토 분석한다.

② 측량 목적에 맞는 최적의 정밀도를 검토한다.

③ 정밀도에 알맞은 기계, 자료 및 기술자를 확보한다.

④ 기계 및 재료를 점검한다.

⑤ 측량의 순서, 측량지역의 배분 및 연락방법 등에 대하여 작업원간의 사전조정을 실시한다.

⑥ 기후, 기타 외적인 조건의 변화에 대해서도 고려하여 시간적 여유를 둔다.

⑦ 가능한 한 조기에 오차가 발견되도록 작업과 계산방법을 택한다.

1.4 측량작업상의 주의사항

1.4.1 측량실시에 따른 주의사항

(1) 측량은 목적에 따라 정밀도가 좌우된다. 즉 측량에 필요한 비용, 일수, 시기, 목적 등에 적합한 측량방법을 선택한다.

(2) 측량 실시에 있어서는 중요시하는 측량과 그렇지 않은 측량으로 분류한다. 그 중요성에 따른 측량의 정밀도를 고려하여 실시한다.

일부분의 측량이 전체 측량에 영향을 주는 경우에는 그 부분의 오차를 제거하고 정밀한 성과를 얻기 위하여 측량방법을 택해야 하고, 그 부분의 오차가 전체에 영향을 주지 않은 경우는 그다지 정밀성을 요구할 필요는 없다.

(3) 측량을 시작할 때는 현지를 답사하여 그 측량의 방법을 결정하고 측량실시 순서를 정한다.

(4) 지형측량 등에 있어서는 야장기입과 기억에 의할 경우가 있는데 오차 발생이 없도록 정리하여 둔다. 기억만을 의존할 경우 오차 발생이 커지므로 야장 기록을 습관화한다. 야장기록 내용은 다른 사람이 계산할 수 있도록 명확히 기입한다.

1.4.2 기계, 기구의 취급상의 주의사항

(1) 보관상자로부터 기계, 기구를 꺼낼 때의 주의사항

① 부속품, 기타 준비물을 점검하고 보관상태를 잘 기억해 둔다.

② 반드시 양손으로 취급한다.

(2) 기계를 삼각대에 조립할 때의 주의사항

① 완전히 기계가 고정될 때까지 지주를 잡고 유지시킨다.

② 삼각대의 머리부분에 먼지, 습기, 흙 등을 제거한 다음 조립한다.

(3) 기계, 기구를 운반, 이동할 때의 주의사항

① 기계의 윗부분을 앞으로 하여 양팔을 끼고 운반한다.

② 고정나사는 기계가 약간의 충격에도 각부가 용이하게 이동, 회전되도록 가볍게 고정한다.

③ 기계를 삼각에 붙여서 이동할 경우에는 삼각을 조심스럽게 지면에서 뽑아 기계 본체에 충격을 주지 않도록 한다.

④ 충격방지용 제동나사가 부속된 기구는 반드시 제동나사를 작동시켜 이동한다.

⑤ 원거리를 이동할 경우는 보관상자에 완전히 넣어 운반한다.

⑥ 자동자로 운반할 경우에는 보관상자를 무릎 위에 놓아 양손으로 잡고 운반한다.

(4) 보관에 있어서의 주의사항

① 완전히 마른 헝겊으로 기계를 닦아둔다.

② 대물경에 뚜껑을 덮는다.

③ 고정나사를 가볍게 잠가둔다.

④ 조정나사를 원위치로 풀어둔다.

⑤ 렌즈 표면에 먼지가 묻은 경우는 부드러운 헝겊 등으로 주의 깊게 제거한다.

⑥ 보관상자의 잠금을 확인한다.

(5) 보존할 경우의 주의사항

① 가동부가 굳어 있을 경우에는 알코올과 에테르의 혼합액으로 깨끗이 닦고 소정의 기름을 칠한다.

② 렌즈에 기름이 묻었을 경우에는 부드러운 헝겊에 알코올을 묻혀 렌즈를 가볍게 닦는다.

③ 습기를 받지 않도록 보관상자에 건조제(실리카 겔 등)를 넣어둔다.

④ 보관장소로는 습기가 없고 온도변화가 적은 장소를 택한다.

⑤ 기계에 습기가 영향을 미칠 우려가 있을 경우에는 기계를 밀폐시킨다.

⑥ 렌즈에 물방울, 기포 등이 생길 경우는 즉시 제작사에 의뢰하여 처리한다.

⑦ 녹이 생길 염려가 있는 기구는 기름을 잘 칠하여 둔다.

⑧ 장기간 보관했을 경우에는 사용 전에 반드시 점검 및 조정을 하고 사용한다.

측량의 계산

2.1 수치계산

2.1.1 유효숫자

측정치 47.5m와 47.50m는 얼핏 같은 값이라고 보기 쉽지만, 그 숫자가 갖는 의미는 정확도 면에서 보면 전혀 다르다. 47.50m는 47.49m가 아니고 또 47.51m도 아니다. 다시 말해 47.50m임을 말하고 있는 것이며, 47.5m와 같이 cm 이하가 불명확한 경우와는 크게 의미가 상이하다. 이와 같이 정확도를 나타내는 유효한 숫자를 유효숫자라고 한다. 47.5m의 유효숫자는 3자리가 되며 47.50m의 유효숫자는 4자리가 된다. 따라서 47.50m의 경우가 47.5m보다 정확도가 높게 된다. 한편 0.0475km인 경우 0은 소수점 자리를 나타내는 것으로 유효숫자는 아니므로 이 경우 유효숫자는 3자리가 된다.

측량결과를 계산할 경우, 예를 들어 나눗셈을 할 경우는 그 몫의 자리숫자가 얼마든지 나눌 수 있지만, 이와 같은 몫은 경우에 따라 불필요한 숫자의 나열로서, 어떤 자릿수까지만 유효라는 것을 잘 이해하여 쓸데없는 계산은 하지 않도록 한다.

근사치 0.0003865를 3.865×10^{-4} 라고 쓸 경우, 유효숫자(4자리)도 명확하게 되고, 또 크기 정도도 10의 지수 값으로 이해되어 편리하다.

(1) 가감산

아래와 같은 계산에서는 65.8m가 소수점 1자리까지만 측정되어 있기 때문에 답을 142.61m로 쓰더라도 소수점 제2자리의 숫자는 신뢰성이 없다. 따라서 이를 제 사사오입에 의하여 소수점 제1자리를 정리하면 52.3+65.8+24.5 = 142.6m가 된다.

52.3m

65.8

+) 24.51

142.61 [1] →신뢰성이 없다.

(2) 승제산

승제산의 경우는 계산할 숫자 가운데 가장 유효숫자가 적은 자릿수에 결과의 유효숫자를 맞추어야 한다. 지금 가로 12.2m, 세로 5.1m의 토지가 있다고 하면, 면적은 12.1 × 5.1 = 61.7m²가 되지만, 5.1은 유효숫자가 2자리이므로 12.1도 소수점 제1자리를 버리고 12로 자릿수를 정리하고 다시 계산하면 12 × 5.1 = 61.2m², 이것을 유효숫자 2자리로 나타내면, 61m²가 얻어진다. 이와 같은 조정은 현실적으로 상당히 어렵지만, 머리 속에라도 이해하여 둘 필요가 있을 것이다.

건축에서 취급하는 부지면적의 계산에서는 소수점의 자리수를 정리하는 것이 일반적으로 이루어지고 있다. 예를 들어 1변이 9.08m, 다른 변이 13.15m의 장방형의 부지일 경우 면적은 119.40m²라고 나타내게 된다. 본 서에서의 면적계산도 이에 따르는 것으로 한다.

2.1.2 수치의 정리방법

수치의 정리방법은 측정 또는 계산에 의해 얻어진 수치를 어떤 자리수의 유효자리로 정리하는 것으로 일반으로는 다음의 3가지 방법이 있다.

(1) 올림과 버림

유효숫자를 n이라고 하면 $n+1$번째의 자리를 올리거나 또는 버리는 방법이다.

(2) 사사오입

일반으로는 사용되어지고 있는 방법 이지만, 이 방법으로는 5를 올리게 되므로 수차례 많은 계산을 할 경우, 올림 수가 많아져 정확도가 떨어진다. 기본측량 등의 측량에서는 다음의 오사오입을 사용하고 있다.

(3) 오사오입

생략하게 될 자리수가 5보다 작을 때는 버리고 5보다 클 때에는 올린다. 정확히 5가 되어 있든지 또는 이하에 숫자가 없을 때는 다음을 따른다.

1. 5 앞의 숫자가 0, 2, 4, 6, 8 이라면 5를 버린다.

   → 0, 2, 4, 6, 8의 숫자는 그대로.

2. 5 앞의 숫자가 1, 3, 5, 7, 9 라면 5를 올린다.

   → 1, 3, 5, 7, 9의 숫자에 1을 더한다.

예제 2-1 | **소수점 2자리에서 이하의 수치를 오사 오입하시오.**

$1.32499 \fallingdotseq 1.32$　　$0.32501 \fallingdotseq 0.33$　　$0.325 \fallingdotseq 0.32$

$0.315 \fallingdotseq 0.32$　　$0.335 \fallingdotseq 0.34$

2.1.3 오차의 원인 및 종류

어떤 기계를 사용하여 길이나 각도를 측정할 경우, 측정할 때마다 조금씩 값이 다르게 되는 것이 보통이다. 이것은 측정할 때 오차가 들어오기 때문이며, 이것을 어떻게 적게 하는 가가 측정기술의 발달로 이어져 왔다. 오차에는 다음에 나타낸 3종류가 있다.

(1) 오차의 종류

① 과오

측정할 사람의 부주의나 미숙으로 인하여 생기는 오차로 이론적으로 보정을 할 수 없다.

② 정오차

측정결과에 대하여 어떤 정해진 원인에 의한 오차이다.

③ 부정오차

①이나 ②는 원인을 알면 보정이나 소거를 할 수 있지만, 측정치에는 불가피하게 원인을 알 수 없는 오차가 있다. 이것을 부정오차라고 한다. 부정오차는 여러 가지 원인에 의한 작은 오차의 집합이라고 생각되며 정(+)과 부(−)의 오차가 거의 같은 횟수로 나타나서 결과적으로는 오차를 상호 상쇄하는 성질을 가지고 있다.

오차는 있기 마련인데 어떻게 전체 오차가 0

(2) 오차의 3원칙

부정오차의 성질을 정리하면 다음과 같이 나타낼 수 있다.

① 작은 오차는 큰 오차보다도 많이 발생한다.

② 같은 크기의 정오차와 부오차는 같은 확률을 가지고 일어난다.

③ 비교적 큰 오차는 일어나지 않는다.

비교적 큰 오차는 생기지 않아야 하는데 오랜 동안 버스가 오지 않는 일이 있다.

2.1.4 오차의 처리방법

(1) 최확값

최확값이란, 한없이 참값에 가까운 값으로서 정의된다. 참값은 누구도 알 수 없는 값이므로 우리는 참값에 가까운 값, 즉 산술평균치로 그것을 대용하고 있다. 따라서 최확값을 산술평균치라고도 말한다.

(2) 최확값 구하기

① 측정조건(사용기구, 측정방법 등)이 같고 그다지 높은 정확도를 필요로 하지 않은 경우는 단순 평균값으로 충분하다.

예제 2－2	어떤 2점간을 동일조건으로 5회 측정한 경우의 최확값(M₀)을 구하라.

5회의 측정값 : 76.32m, 76.40m, 76.51m, 76.23, 76.45m

최확값 $M_0 = 76.00 + \dfrac{(0.32 + 0.40 + 0.51 + 0.23 + 0.45)}{5} = 76.38\,\mathrm{m}$

② 측정조건이 다를 경우는 가중평균값을 취한다.

예를 들어, 줄자의 재질 측면에서 사용기구가 다를 경우나 숙련자와 미숙련자가 측정했을 때 등 측정조건이 다를 경우에는 측정치의 신뢰도를 나타내는 가중치(경중률)을 고려하여 최확값 M_0을 구한다.

최확값 $M_0 = \dfrac{P_1 n_1 + P_2 n_2 + \cdots + P_n n_n}{P_1 + P_2 + \cdots P_n} = \dfrac{\Sigma P_n n_n}{\Sigma P_n}$

단, $p_1, p_2, \ldots, pn$: 가중치, $n_1, n_2, \ldots, n_n$: 측정치

예제 2-3 어떤 2점간을 A학생이 2회 측정하여 200.15m의 최확값을 얻었다. 같은 방법으로 B학생이 4회 측정하여 200.12m의 최확값을 얻었고, C학생이 3회 측정하여 200.20m의 최확값을 얻었다. 경중률을 고려한 전체로써의 최확값을 구하시오. 단 경중률은 측정횟수에 비례한다.

(3) 표준편차

측정횟수가 많으면, 오차는 (+)(−) 같은 정도 나타나 상호 상쇄된다. 이로써는 정확성 있게 나타내는 것은 어렵고, 통상은 오차의 제곱의 평균, 즉 표준편차보다 정확도를 나타내고 있다.

앞에서도 언급했듯이, 산술평균값 M_0는, 각각의 데이터 M_1, M_2, $\cdots M_n$의 합계를 측정수 n으로 나눈 것이며 다음과 같이 나타낸다.

산술평균값(최확값) $M_0=(M_1, M_2, \cdots M_n)/n$

각각의 측정값 M_i에서 산술평균값 M_0를 뺀 값을 잔차 δ_1로 하면,

$$\delta_1 = M_1 - M_0$$

$$\delta_2 = M_2 - M_0$$

$$\delta_3 = M_3 - M_0$$

....

$$\delta_3 = M_3 - M_0$$

표준편차 m은 다음 식과 같이 나타낸다.

$$m = \pm\sqrt{\frac{\delta_1^2 + \delta_2^2 + \ldots + \delta_n^2}{n(n-1)}} = \pm\sqrt{\frac{[\delta^2]}{n(n-1)}} \qquad (2-1)$$

표준편차 m은, 산술평균값에 대하여 1개의 측정값이 어느 정도 떨어져 있는지를 나타낸 지표가 되는 것이며, 평균제곱오차라고도 부른다. 또 산술평균값의 정확도 그 자체에 착목한 경우, 그 정확도 m_0는

다음 식과 같이 나타낸다.

$$m_0^2 = m^2 / n \qquad (2-2)$$

(2−1)식의 m을 (2−2)식에 대입하면,

$$m_0 = \pm\sqrt{\frac{\delta_1^2 + \delta_2^2 + \ldots + \delta_n^2}{n(n-1)}} = \pm\sqrt{\frac{[\delta^2]}{n(n-1)}}$$

이것을 산출평균값의 표준편차라 하고 측정횟수가 많아질수록 m_0는 작아지게 되며 정확도가 좋아지게 된다.

예제 2−4	**2점 A, B의 거리를 같은 조건으로, 같은 방법으로 3회 측정하여 다음 값을 얻었다.** 35.267m, 35.264m, 35.269m **이 산술평균값의 표준편차와 측정 정확도를 구하시오.**

L(m)	δ	δ^2
35.267	+0.3	0.09
35.264	−2.7	7.29
35.269	+2.3	5.29

평균 35.2667m $[\delta^2]$ = 12.67mm

$$\therefore m_0 = \pm\sqrt{\frac{[\delta^2]}{n(n-1)}}$$

$$= \pm\sqrt{\frac{12.67}{3(3-1)}}$$

$\pm$ 1.4mm

평균치는 35.267m ±1.4mm로 나타낼 수 있다.

또 측정정확도는 0.001 / 35.267 ≒ 1 / 35,000이 된다.

2.2 각도의 단위

2.2.1 도분법

도분법이라는 것은 각도를 □° □′ □″ (□도□분□초)로 나타내는 방법이다. 도분법은 60진법으로 나타낸다. 직각 90°의 1/90을 1°, 1°의 1/60을 1분(1′), 1′의 1/60을 1초(1″)로 하고 있다.

도분법의 가감산의 예

```
   46°  15′  18″               46°  15′  18″
+) 32°  58′  52″            −) 32°  58′  52″
   78°  73′ [70]″               □    □    □
         ↓                           ↓
   78° [74]′ 10″                46°  15′  18″
         ↓                   −) 32°  58′  52″
   79° 14′  10″                 □    □   26″
                                     ↓
                                45°  74′  78″
                             −) 32°  58′  52″
                                13°  16′  26″
```

2.2.2 호도법

지금 그림 2−1에 나타낸 것과 같이 반경 ɤ의 원을 그려서, 원주상의 2점 A, B를 찍어 호 AB = r로 한다. 이 때 ∠AOB는 반경 r(r >0)의 결정과 관계없이 일정하게 된다. 이 때 의 ∠AOB 크기를 1 radian이라 정의한다.

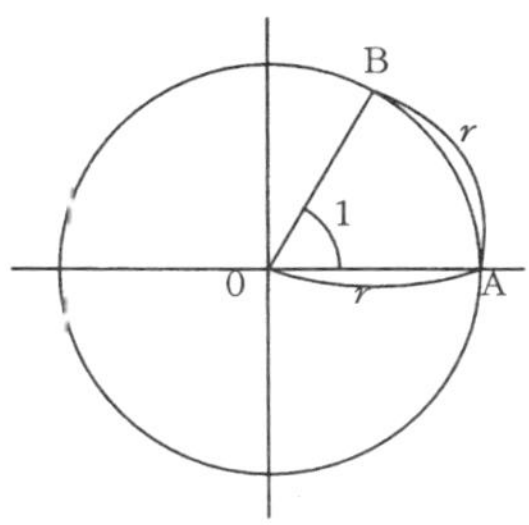

그림 2−1 호도법

또 이것을 단위로 하는 각의 측정법을 호

도법이라 한다.

2.2.3 도분법과 호도법과의 관계

원에서 각과 호의 길이는 비례하므로,

1 radian : r=360° : 2πr

2.2.4 각도의 환산

(1) 도분법에서 호도법으로의 환산

46° 15′ 18″ 의 경우

우선 15′와 18″을 각각 ° 로 환산하고, π radian은 180° 임을 이용하여 환산하면 된다.

15′ → 1° 가 60′ 이므로,

1° : 60′ = x° : 15′

x° = 15 / 60 = 0.25 ... (A)

18″는 1′ 이 60″ 이므로,

1′ : 60″ = x′ : 18″

x″ = 18/60 = 0.30′가 되고 이것을 다시 ° 로 환산하면,

1° : 60′ = x° : 0.03

x° = 0.30 / 60 = 0.005° ... (B)

(A)+(B) = 0.2500° + 0.005° = 0.255°

따라서 46° 15′ 18″ = 46.225° 가 된다.

π라디안이 180° 이므로,

π라디안 : 180° = x라디안 46.255°

x라디안= 46.255° × π/180 ≒ 0.8073라디안.

즉 α°βr″=K°π/180 radian

이 된다.

(2) 호도법에서 도분법으로 환산

0.8073 라디안의 경우

$$\pi \text{ radian} : 180^\circ = 0.8073 : x^\circ$$

$$x^\circ = 46255^\circ$$

여기서, 도(1°)는 분(60′)이고, 분(1′)은 초(60″)를 이용하여 환산하면 된다.

2.3 전자계산기에 의한 계산

각자 소지하고 있는 개인 전자계산기의 성능과 계산방법, 표시방법 등을 사전에 숙지하여 둘 필요가 있다.

03

부지의 거리측량

3.1 거리의 정의

거리에는 경사거리, 수평거리 및 연직거리의 3종류가 있다. 그림 3-1에 나타낸 것과 같이 2점 A, B를 연결하는 직선을 따라 측정한 길이 AB를 경사거리라고 하며, 경사거리 AB의 수평면상의 정사영 AC를 수평거리라고 한다. 또 고저차 BC를 연직거리라고 한다. 단, 측량에서는 단지 거리라고 하면 수평거리(AC)를 뜻한다.

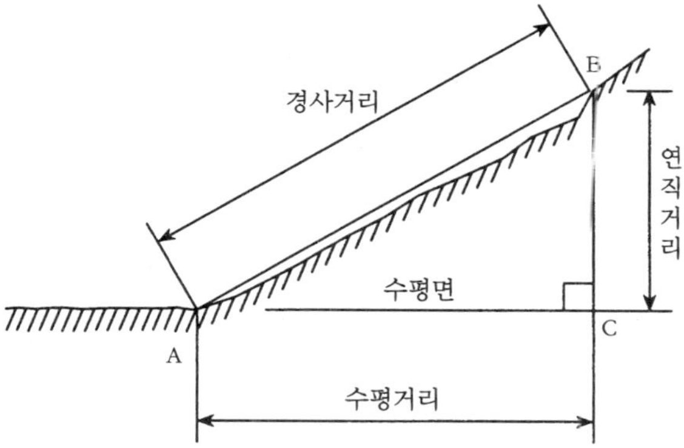

그림 3-1 거리의 정의

3.2 거리의 분류

거리측량은 다음과 같이 크게 대별한다. 줄자나 체인 등으로 직접 거리를 측정하는 방법을 직접측정거리라고 하고, 기하학적 또는 물리학적 원리를 이용하여 간접적으로 측정하는 방법을 간접거리측량이라고 한다.

3.3 거리측량에 쓰이는 기구

직접거리측량에는 줄자가 일반으로 사용된다. 줄자 자체의 재질이 무엇으로 되어 있는 지로 명명이 분류된다. 각각의 줄자에 따라 측정 정확도가 달라지며, 정확도가 높은 것에서 낮은 것까지 다양한 기구가 있다. 또 토지의 기복 상태나 부지의 조건에 따라서도 측정의 정확도가 좌우된다. 측량에 있어서는 요구되는 정확도에 따라서 기구를 선택하고 정확성에 따른 측정방법이나 오차의 처리를 하지 않으면 안 된다. 다만, 1회 측량에서 종류가 다른 줄자를 병용하는 것을 피해야 한다.

직접거리측량에 사용하는 기구로서 면줄자, 비닐피복줄자, 강줄자, 인발와이어 등이 있다. 그 중에서 대표적인 면줄자, 비닐피복줄자 및 강줄자에 대하여 설명한다.

(1) 면줄자

폭 12~15mm 정도의 마포 속에 금속선을 엮은 것이며, 결점으로는 물에 젖으면 현저하게 신축하여 눈금이 지워지기 쉽다.

(2) 비닐피복줄자

유리수지를 염화비닐로 피복한 것으로 면줄자에 비교하여 내수성·내구성이 뛰어나 장력(측정시의 인장력)이나 온습도(측정시의 기후상태)에 따른 측정 정확도에의 영향도 적다.

(3) 강줄자

일반적으로 스틸테이프라도 부른다. 그림 3－2에 나타낸 것과 같이 폭이 약 10mm, 두께 약 0.5mm 띠 상태의 강판제 줄자를 말하고, 정밀한 거리측량에 쓰인다. 강줄자는 50m까지인 것이 보통이지만 100m인 것도 있다.

장점 : 측정 시에 있어서 온도보정 등을 하면 높은 정확도를 얻는다.

단점 : 온도 변화에 의한 신축이 크다.

녹슬기 쉽고 구부러지기 쉽다.

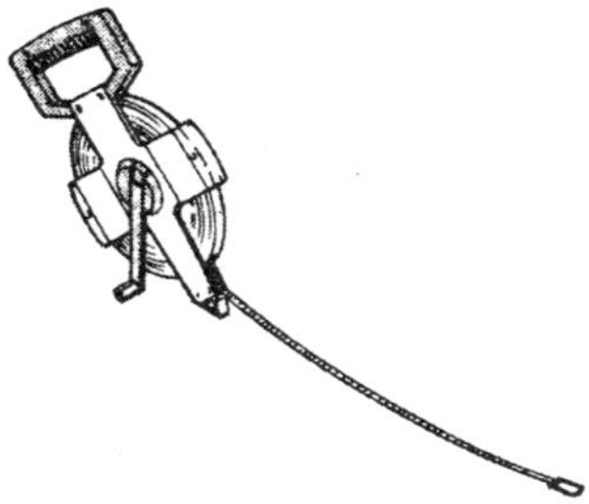

그림 3－2 강줄자

(4) 기타 보조기구

- 폴대 : 직경 3cm, 길이 2~5m의 목제 또는 플라스틱제의 막대기이며, 막대기 본체는 20cm 또는 30cm마다 빨강 부위와 흰 부위로 도색되어 있다. 사용법은 그림 3－3에 나타낸 것과 같이 측정점의 표시, 측정선의 결정 및 측정선의 연장 등에 사용한다.
- 구심추 : 실의 끝에 추를 달은 것으로 연직방향을 나타낸다. 사용법은 그림 3－3과 같다.
- 핀폴 : 측정점을 표시하는 것이다.

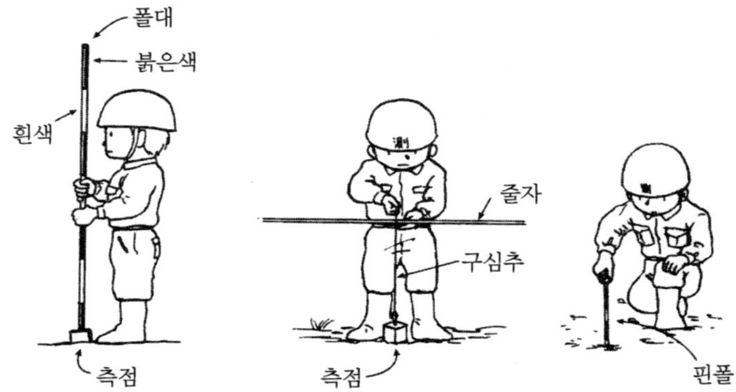

그림 3-3 보조기구의 사용법

(5) 광파측거의

빛의 파동을 이용하여 2점간의 거리를 측정하는 것으로써, 상당히 정확도가 좋아 보급하고 있다. 그림 3-4에 나타낸 것과 같이 2점간의 한 쪽에 기계본체를 설치하고 다른 쪽에 반사 프리즘을 놓아 광파측거의로부터의 광파가 2점간을 왕복하는 시간을 계측하여 측정거리를 디지털로 표시하는 것이다.

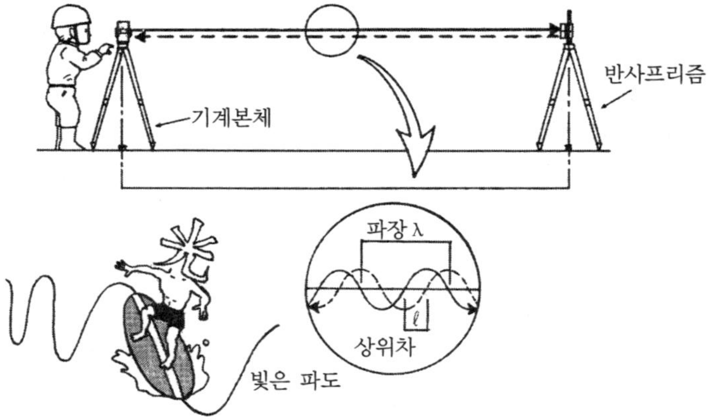

그림 3-4 광파측거의

(i) 측정거리의 산출

$$L = 1/2(n\lambda + l) \quad (3-1)$$

여기서

L : 측정거리　　n : 왕복 파의 수

λ : 파장　　l : 상위차

(ii) 광파측거의에 의한 기상보정

측정된 거리는 표준상태의 대기에 대응하는 것으로서 기온, 기압, 온도가 표준상태와 달라지면 굴절률, 빛의 속도(대기중에서는 진공상태에서보다 느리다)가 변화한다. 따라서 기상보정을 한다. 이 영향 거운데서 기온·기압의 순으로 크며 온도는 거의 적다.

3.4 각종 측정기구의 정확도

(1) 줄자의 공차

줄자는 계량기(길이나 무게 등, 물건의 량을 재는 기구)이므로 계량법에 기초한 일정한 오차의 범위 내에 없는 것은, 제조 판매하는 것이 금지되어 있다. 이 오차의 범위를 검정공차(허용오차)라고 한다.

3.5 평지의 거리측량

평지에 있어서 직접거리측량에서는 줄자와 폴 등을 이용하여 간단히 측정을 할 수 있다. 그림 3−5와 같은 측정자로서 최저 3인은 필요하다.

기장수 : 측정결과를 기장하는 사람

선　수 : 줄자의 앞쪽(원점)에 선 사람(기준점에서 측정점 방향으로

나가는 사람)

후 수 : 줄자의 끝 쪽에 선 사람(기준점에 대해서 측정값을 읽는 사람)

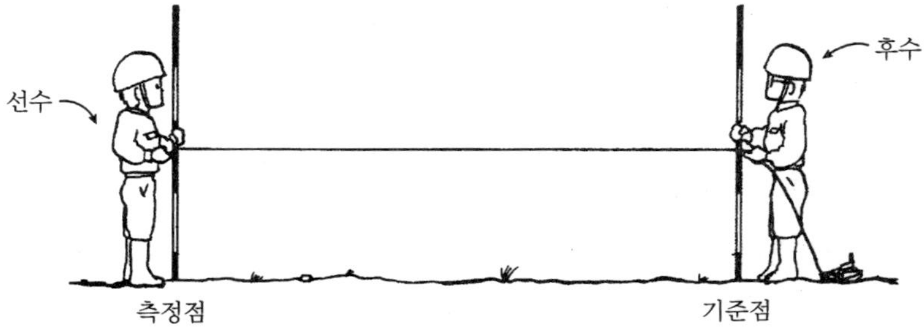

그림 3-5 거리측량 예

3.5.1 거리가 줄자의 전체길이 이하의 경우

그림 3-6에 나타낸 것과 같이 2점간(A, B)의 거리가 줄자의 전체길이(예를 들어 50m) 이하의 경우의 측정방법은 다음과 같다.

① 선수는 줄자의 0단을 측정 B에 맞춘다.

② 후수는 줄자의 테이프가 수평에, 또 힘으로 당겨 측점 위에서 줄자의 눈금을 읽는다.

③ 읽은 측정값을 기장수에 보고한다. 기장수가 읽어서 기록하기도 하므로 후수가 보고하면서 기장수는 복창하여 기록할 것.

그림 3-6 줄자측량 예

(주 1) 줄자의 선수는 테이프 오차를 줄이기 위하여 그림 3－7과 같이 제로눈금 부근에서 늘어뜨린다.

측정길이 = 마지막 읽은 값 － 처음 읽은 값

마지막 읽은 값 : 후수의 줄자 읽기

처음 읽은 값 : 전수의 줄자 읽기

(주 2) 측정시의 주의로서 동일거리는 적어도 2회 측정하고, 또 이 경우는 개인오차를 없애기 위하여 전수와 후수를 교대로 한다.

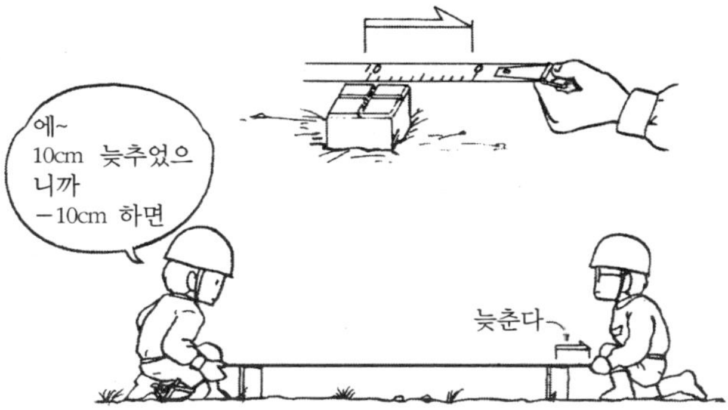

그림 3－7 줄자측량 주의

3.5.2 거리가 줄자의 전체길이보다 긴 경우

그림 3－8과 같이 2점간(A, B)의 거리가 줄자의 전체길이(예를 들어, 50m의 줄자로 90m의 거리측정) 이상의 경우의 측정방법은 다음과 같이 한다.

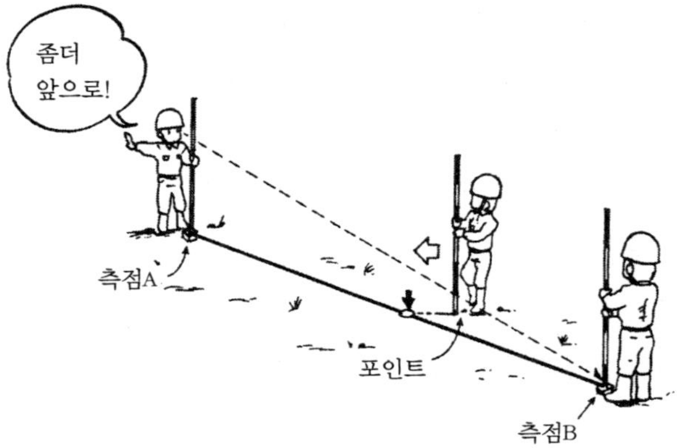

그림 3-8 거리측량(폴대 이용)

(1) 측정선 AB 위의 중간점을 설치하는 경우

① 측정점 A, B의 지점에 폴대를 몸 중앙에서 수직으로 세운다(이 때 상호 마주 본다).

② 측정점 A, B의 거의 바라보는 선상(포인트 P)에 폴대를 세운다.

③ 측정점 A에 있는 사람은 측정점 B에 세운 폴대의 가능한 한 하부를 바라보고, 포인트 P에 세운 폴대가 선사에 들어 올 수 있도록 한다(이 때 측정점 A에 있는 사람은 손동작으로 인하여 중간점에 있는 사람에게 지시한다).

④ 포인트 P가 선상에 들어오면 지반상에 P점 표시를 한다.

⑤ 그래서 줄자를 이용하여 AP구간 및 PB구간의 거리를 측정한다.

⑥ AB구간의 거리 = $\overline{AP}$ + $\overline{PB}$

(2) 측정점을 연장하는 경우

그림 3-9에 나타낸 것과 같이 측정점 AB의 연장선상에 새롭게 포인트 C를 설치하고 싶을 경우는 다음과 같이 한다.

① 측정점 A, B는 폴대를 수직으로 세운다. 이 때 측정점 B에서 폴대를 가진 사람의 몸은 측정점에 대하여 평행으로 할 것.

② 포인트 C에 선 사람은 측정점 A, B선상의 거의 연장상에 폴대를

세우고 연장상에 포인트 C가 들어오도록 측정점 A에서 측정점 B의 폴대를 본다.

C의 사람은 가능한 한 측정점 A의 폴대의 하부를 볼 것.

③ 포인트 C가 결정되면, 표시를 하여 둔다.

④ 줄자를 이용하여 AB구간 및 BC구간의 거리를 측정한다.

⑤ AC구간의 거리 = $\overline{AB}$ + $\overline{BC}$

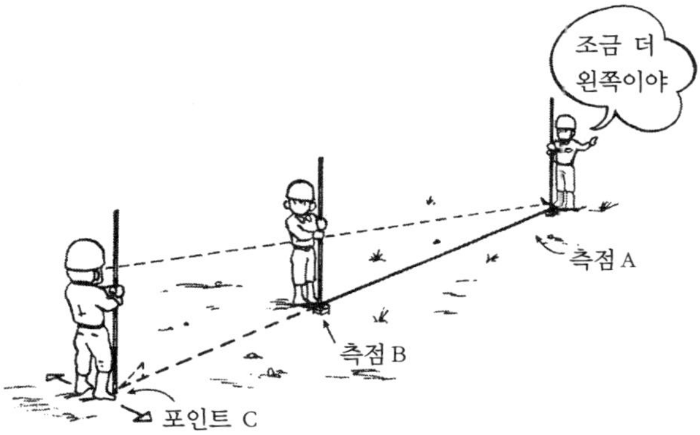

그림 3-9 거리측량(측정점 연장)

3.6 경사지의 측량

부지는 평지의 경우뿐 아니라, 경사진 경우도 있다. 이 경사진 부지의 수평거리를 측정하는 방법으로서 그림 3-10에 나타낸 것과 같은 내림측량법, 오림측량법이 있다.

- 내림측량법 : AB구간의 수평거리를 단계적으로 높은 지점(A)에서 낮은 지점(B)을 향하여 측정하는 방법
- 올림측량법 : 내림측량법과는 반대로, AB구간의 수평거리를 단계적으로 낮은 지점(B)에서 높은 지점(A)을 향하여 측정하는 방법

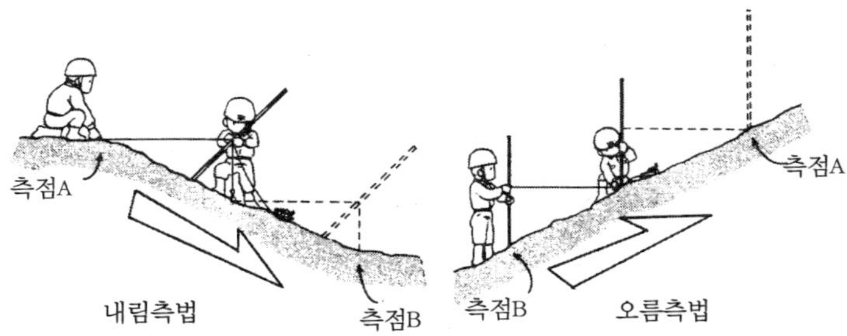

그림 3-10 경사측량

3.6.1 내림측량법

2점간의 수평거리는 그림 3-11에 나타내는 요령으로 측정한다.

① 후수는 A점에 줄자의 제로 점을 맞추어 선수는 줄자를 폴대에 맞춘 다음 테이프를 수평으로 당긴다.

② 이 때 3번째 사람은 줄자테이프가 수평이 되어 있는지 휴대레벨(수준기) 등을 확인한다.

③ 다음에 지상의 점(1′)을 추 등을 이용하여 수직으로 지표면의 점(1)에 내리고 포인트를 설치한다.

④ 포인트 설치와 동시에 점(1′)의 측정값(A에서의 수평거리)을 읽어 기록한다.

⑤ 동일한 작업을 반복하고 AB구간의 수평거리를 구할 수 있다.

$$AB = \overline{A\text{~}(1')} + \overline{(1)\text{~}(2')} + \overline{(2)\text{~}(B')}$$

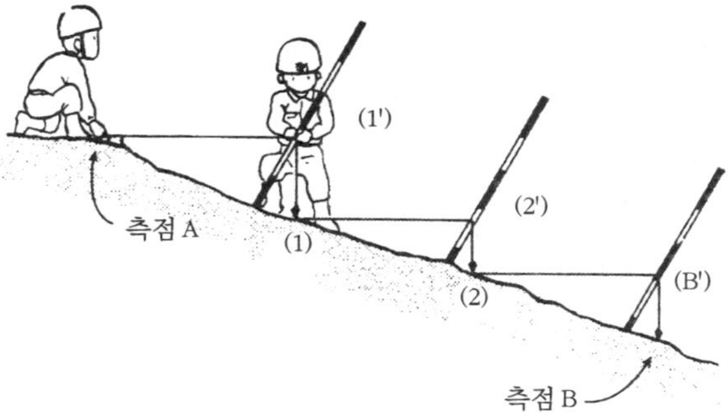

그림 3-11 내림측량 예

3.6.2 오름측량법

2점간의 수평거리는 그림 3－12에 나타낸 것과 같은 요령으로 측정한다. 일반적으로 올림측정법의 경우가 내림측량법에 비하여 작업이 까다롭고 정확도도 좋지 않으므로 되도록이면 내림측량법으로 측정하는 경우가 좋다.

① 선수는 줄자의 제로 점을 점(1)에 맞추고 후수는 폴대를 점A에 연직으로 세워 줄자를 수평으로 당긴다.

② 이 때 3번째 사람은 줄자 테이프가 수평이 되도록 수준기 등으로 확인한다.

③ 수평이 되면 줄자의 눈금(점A′)을 읽어 기록한다.

④ 다음으로 포인트(2)는 폴대를 세우고 같은 작업을 반복하여 AB 구간의 수평거리를 구한다.

$$AB = \overline{A' \sim (1)} + \overline{(1') \sim (2)} + \overline{(2') \sim (B)}$$

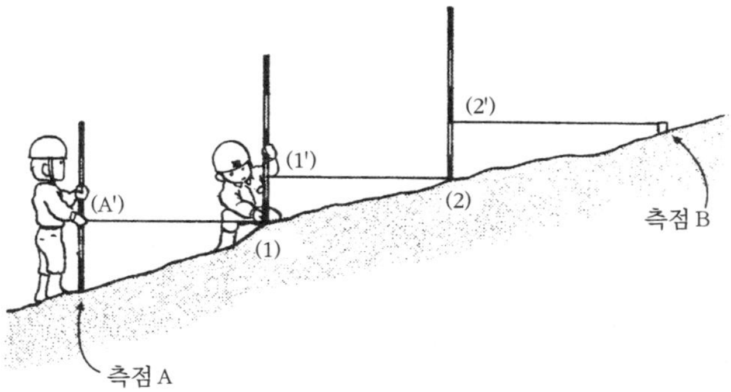

그림 3－12 오름측량 예

3.6.3 경사거리를 측정하여 수평거리를 구하는 방법

그림 3－13에 나타낸 것과 같이 경사가 거의 같을 경우, 경사거리를 측정하여 수평거리를 간접적으로 구할 수 있다. 다음 계산에 따라 수평거리를 구한다.

$$L = \sqrt{l^2 - H^2} \quad (3-2)$$

이 경우 고저차 H가 경사거리 l과 비교하여 적으면 (3−2)식은 (3−3)식과 같이 근사할 수 있다.

$$L = l\sqrt{1-(H/l)^2} \fallingdotseq l - H^2/2l \quad (3-3)$$

또 각측량에 의해 경사각(α)을 측정한 경우는 (3−4)식으로 계산할 수 있다.

$$L = l \cdot \cos(\alpha)$$

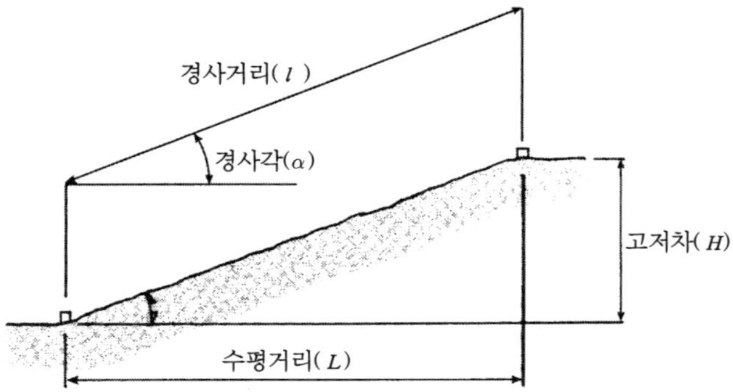

그림 3−13 수평거리 구하기

3.7 거리측량에 있어서의 오차

거리측량에 있어서 생기는 오차에는 과오 · 정오차 및 부정오차의 3종류가 있다. 일반적으로 오차와는 측정된 값과 맞는 값(진 값)과의 차이다. 오차에 대해서는, 2.1.3항에 있어서 간단히 살펴보았지만, 여기에서는 거리측량의 오차에 대하여 상세히 살펴보기로 한다.

과오 측정자의 부주의나 기술의 미숙에 의하여 생긴 오류의 것. 이 오차는 이론적으로 발견하거나 보정하거나 할 수 없다.

정오차 일정조건에서는 부호도 크기도 일정한 오차인 것. 이 오차에는 개인오차, 기계오차 및 자연오차가 있다.

개인오차 : 측정자의 습성으로 눈금의 중간을 읽을 때 항상 크게 읽거나 작게 읽거나 하는 경우 등이 생긴다. 습성이 일정하면 보정은 할 수 있다.

기계오차 : 기준과 비교하여 긴 줄자로 거리를 측정하거나 할 경우의 오차의 것. 이 오차는 이론적으로 보정을 할 수 있으며, 또 측정방법에서도 소거할 수 있다.

자연오차 : 측정시의 온도, 빛의 굴절 등의 물리적 조건에 의하여 생긴 오차의 것. 이 오차는 조건을 알면 보정할 수 있다.

부정오차 과오 및 정오차는 측정을 충분히 주의하고, 더욱이 측정조건을 알고 있을 경우 보정 또는 소거할 수 있지만, 측정값에는 그것으로도 어쩌면 원인불명의 오차가 되는데, 이 오차를 부정오차라 한다.

거리측량에 있어서의 각 오차보정에 대해서

(1) 과오

- 영점의 설정 실수하다.
- 숫자의 읽기 오류(예를 들어, 98을 68로 읽는다).
- 읽기한 수치의 보고 오류(기장자의 청취 오류와 잘못기재)
- 줄자의 휨이나 바람의 영향으로 곧바로 칠 수 있는 경우
- 측점수의 셈의 오류

(2) 정오차

① 기계오차

측정에 쓰인 줄자가 기준값으로부터 늘어나 있거나 줄어들어 있거나

하는 것에 의해 생기는 오차이다. 이 오차는 다음과 같이 보정할 수 있다.

50m의 줄자로 100m의 거리를 측정한 경우 어떻게 될 것인가?

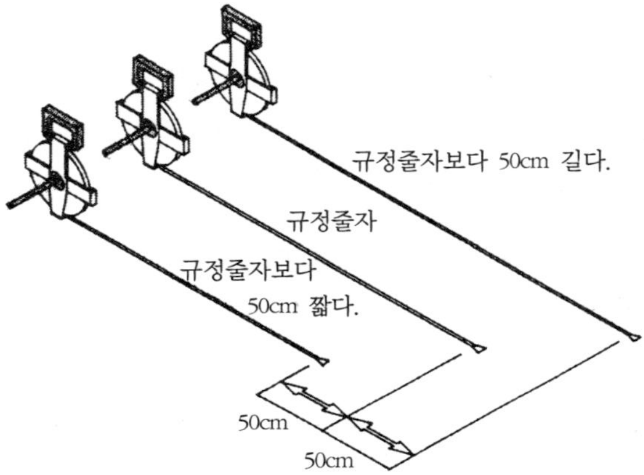

(a) 올바른 50m의 줄자일 경우

50m + 50m + 100m

(b) 50cm 길이 50m 줄자인 경우

49.5m × (100m / 50m) = 99m

(실제의 거리보다 1m도 짧게 측정하게 된다)

(c) 50cm 짧은 50m 줄자인 경우

50.5m × (100m / 50m) = 101m

(실제 거리보다 1m 길게 측정하게 된다)

즉

* 50cm 길이축척의 경우 … 실제거리 보다 짧게 한다.

* 50cm 짧은 줄자인 경우 … 실제의 거리보다 길게 평가.

따라서 보정방법을 하여 측정하게 된다.

50cm 긴 줄자의 경우

① 먼저 1m당 줄자의 신축량을 구한다 … 0.5m / 50m = 0.01(보정량)

② 이 보정량을 써서 측정량을 보정하고 실제 거리를 구할 필요가 있다(실제 거리보다 짧게 평가하므로 보정할 경우는 보정량을 더하여 쓴다).

$\therefore 99m + (0.01) \times 100m = 99m + 1m = \boxed{100m}$

50cm 짧은 줄자의 경우

① 1m당의 수축량을 구한다 … 0.5m/50m = 0.01(보정량)

② 다음으로 이 줄자의 경우, 실제 거리보다도 길게 평가하므로 보정할 경우는 보정량을 빼어 쓸 필요가 있다.

$\therefore 101m - (0.01) \times 100m = 101m - 1m = \boxed{100m}$

② 측선상을 맞게 측정하지 않은 것으로부터 생기는 정오차

그림 3−14에 나타낸 것과 같이 AB간의 거리를 측정할 때, 측선상에서 d만큼 벌어졌다. 이 때의 오차 C_g는 다음과 같이 보정할 수 있다.

$$C_g = L - l \fallingdotseq -d^2 \cdot 2l \qquad L = l + C_g \qquad (3-5)$$

여기서,

l : 올바른 거리($\overline{AC}$)m

L : 측선에서 틀어진 거리($\overline{AD}$)m

d : 측선에서부터 틀어진 거리($\overline{CD}$)m

그림 3-14 측선상 오차

l = 30 m이고, d = 0.1 m라 하면, $d^2/2 \cdot l$ = 0.17 mm가 된다.

③ 줄자가 수평이 아님으로써 생기는 정오차

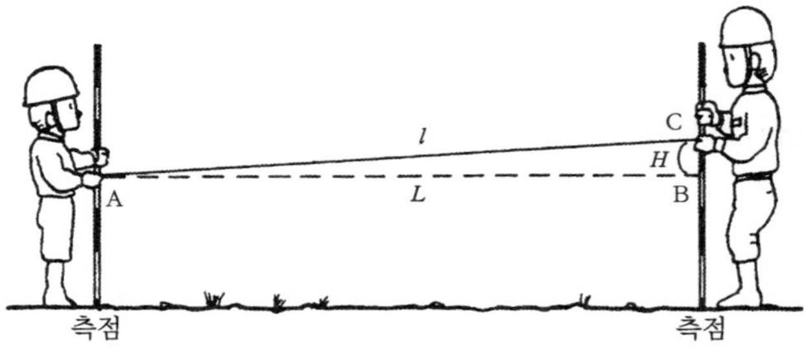

그림 3-15 줄자 수평유지 필요

그림 3-15에 나타낸 것과 같이 AB가 수평인 것에 대해서 AC와 같이 줄자를 경사하여 측정한 경우, 오차 C_g는 이하와 같이 구할 수 있다.

$$C_g = L - l \fallingdotseq (-)H^2/2l \qquad L = l + C_g \qquad (3-6)$$

여기서,

L : 수평으로 측정한 경우의 올바른 거리(m)

l : 경사하여 측정한 경우의 거리(m)

H : 고저차(m)

④ 검정온도로 측정하지 않음으로써 생기는 정오차

기상조건의 변화에 의해 생기는 오차 C_t는, 이하와 같이 구할 수 있다.

$$C_t = \alpha \cdot (t - t_0)l \qquad (3-7)$$

$$L = l + C_t$$

여기서,

α : 줄자의 선팽창률(/℃)

l : t℃ 에서 측정한 거리(m)

L : t_o℃ 에서 측정된 것으로 된 거리(m)

t : 측정시의 온도(℃)

t_o : 검정온도(℃)

* 강줄자의 선팽창률 0.000012/℃

* 검정온도는 20℃

⑤ 검정장력으로 측정하지 않음으로써 생기는 정오차

측정할 때에 검정한 장력으로 측정하지 않음으로 인하여 생기는 오차로서, 오차 C_p는 이하와 같이 구할 수 있다.

$$C_p = (P - P_0)l/A \cdot E \tag{3-8}$$

$$L = l + C_p$$

여기서, P는 측정시의 장력(kg), P_0는 검정시의 장력(kg), l은 P로 측정한 거리(cm), L은 P_0로 측정한 거리(cm)이고, A는 줄자의 단면적(cm^2), E는 줄자의 탄성계수(kg/cm^2)를 의미한다.

예를 들어, 검정장력에 있어서 강제줄자는 2kg, 비닐줄자는 1kg이고, 줄자의 탄성계수는 강의 경우, 2.1×10^6kg/cm^{2}이다.

⑥ 줄자의 처짐에 의하여 생기는 정오차

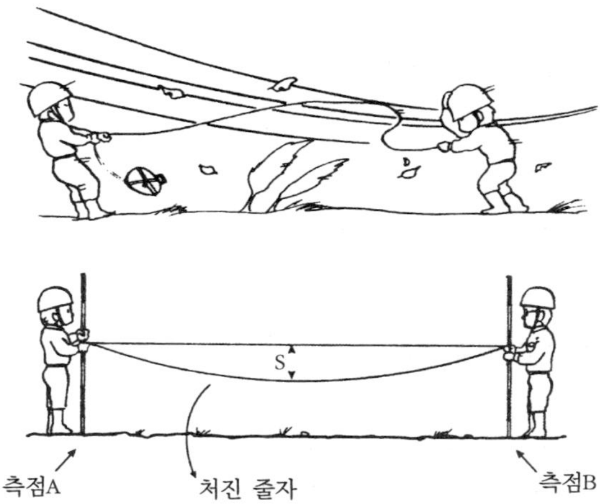

그림 3-16 줄자의 처짐오차

그림 3-16에 나타낸 것과 같이 AB간의 거리측정에 있어서 AB양단에서 줄자를 당긴 경우, 줄자가 처질 수 있다. 이 처짐을 보정할 필요가 있다.

사실 처진 줄자의 곡선을 현수선으로 계산하면, AB간의 곡선길이 l

(측정 값)은 (3−9)식으로 근사할 수 있다.

$$l = L + 8S^2/3 \cdot l \qquad (3-9)$$

$$L - l = (-)8S^2/3 \cdot l = C_s$$

이 때 장력 P로 양단에서 당겼을 때, 줄자 l의 중앙이 S만 처졌다 하면 중안 ($l/2$)로 모멘트의 평행조건을 생각한다.

$$\Sigma M(l/2) = 0 \qquad (3-10)$$

$$M(l/2) = w \cdot l/2 \cdot l/2 - w \cdot l/2 \cdot (l/4) + P \cdot S = 0$$

$$= w \cdot l^2/4 - w \cdot l^2/8 \cdot + P \cdot S = 0$$

$$P \cdot S = w \cdot l^2/8$$

$$\therefore S = w \cdot l^2/8 \cdot P$$

(3−9)식과 (3−10)식에서 처짐량(S)을 소거하면 다음 식을 얻는다.

$$C_s = -w^2 l^3/(24 \cdot P^2) = -W^2 l(24 \cdot P^2)$$

여기서,

w : 줄자의 단위길이당 중량(kg/m)

W: 줄자의 중량 ($w \cdot l$)(kg)

l : 측정한 길이(m)

P : 측정시의 장력(kg)

따라서 수평으로 한 경우의 거리 L(m)은, 다음과 같이 구할 수 있다.

$$L = l + C_s \qquad (3-11)$$

3.8 거리측량의 정확도와 허용오차

3.8.1 거리측량의 정확도

거리측량의 정확도는 사용하는 기구와 측정방법에 의하여 다르지만, 표 3−1의 값이 기본적인 자료이다.

표 3-1 각종 줄자의 거리측량의 정확도

사용기구	정확도
면줄자	1/500~1/2000
비닐줄자	1/2000~1/5000
강줄자	1/5000~1/10000

3.8.2 거리측량의 허용오차

허용오차(허용된 오차)는 그 목적과 지형 등에 따라서 다르지만, 대개 표 3-2의 값이 기술적인 표준으로 생각된다. 그래서 그 허용정확도에 따라서 사용하는 기구나 측정방법을 선정하지 않으면 안 된다.

표 3-2 각종 지형의 허용 정확도

지형	허용 정확도
산지	1/500~1/1000
평탄한 토지	1/2500~1/5000
시가지	1/10000~1/50000

04

부지의 면적측량

4.1 면적의 정의

측량에서 취급하는 토지의 면적(지적)이라는 것은 토지를 둘러싼 경계선 내의 면적을 말하고, 면적의 단위는 제곱미터(m^2)로 표시한다. 면적의 측량작업은 경계선의 방향 및 길이를 구하는 외부작업과 외부작업의 결과 얻은 도형 또는 수치에 의하여 면적을 구하는 내부작업으로 나누어진다.

외부작업 내부작업

4.2 면적측량에 쓰이는 기구

부지의 면적을 측량하는 기구로서는 줄자, 평판 및 트랜싯이 있지만,

여기서는 대표적인 평판을 이용한 측량에 대하여 설명한다.

평판측량은 그림 4-1에 나타낸 것과 같은 기계로 거리, 각도 및 고저차를 측정하고, 현장에 있어서 바로 도화지 위에 일정한 축척으로 작도하는 측량방법이며, 시가지, 농지 및 복잡한 지형 등의 세부측량에 적절하다. 또 평판측량에서는 결측하는 것은 생각할 수 없지만, 트랜싯과 같이 높은 정확도를 기대하기는 어렵다.

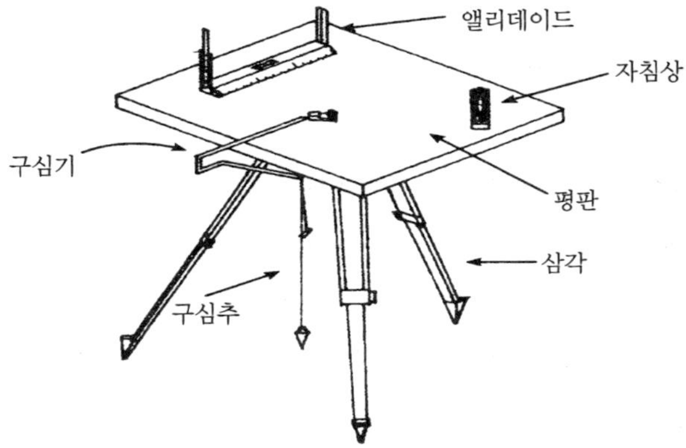

그림 4-1 평판측량을 이용한 기계, 기구

4.3 평판측량의 기구

(1) 평판(도판 또는 측판)

도화지를 붙이고 작도하기 위하여 평편한 판에 일반적으로 그림 4-2와 같이 약 50cm×40cm의 크기가 사용된다. 재질은 나무 목재를 사용하며, 도화지를 붙이기 때문에 우천 시에는 측량할 수 없다.

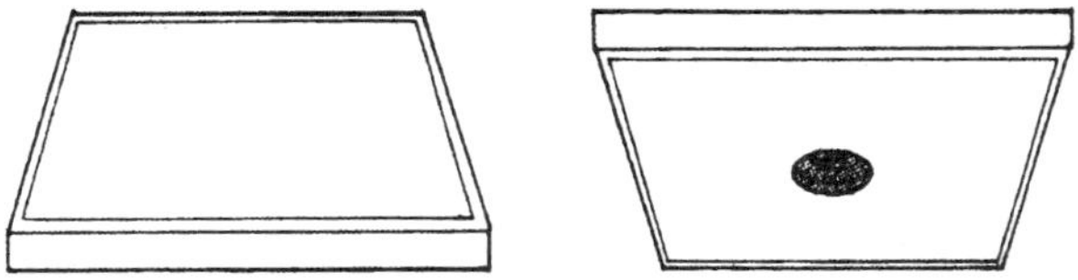

그림 4-2 평판

(2) 삼각

그림 4-3과 같이 가볍고 튼튼한 신축삼각을 사용하고 평판을 일정한 높이를 유지하고 무빙헤드를 사용하여 평판을 수평으로 하거나 이동시킬 수 있다.

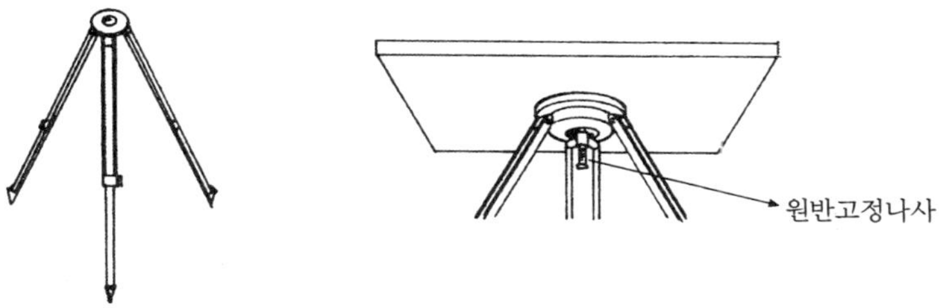

그림 4-3 삼각대

(3) 앨리데이드

앨리데이드는 그림 4-4와 같이 자, 시준판, 기포관 수준기 및 정조준으로 구성되어 있다.

자 : 금속제로서 mm눈금이 새겨져 있어 축척에 따라 눈금판을 조정한다.

시준판 : 시준판은 전시준판(시준실이 매달려 있다)과 후시준판으로 구성되어 있다. 후시준판에는 연장판이 있고 그 중앙에는 상중하의 3개의 시준공이 있다. 이것을 이용하여 거리나 경사각을 측정할 수 있다.

기포관 수준기 : 앨리데이드의 밑바닥 중앙에 있으며 평판을 수평으로 하기 위하여 사용된다.

정조준 : 앨리데이드의 양단에 각 1개 있고, 기포관의 기포를 미묘하게 이동하여 앨리데이드를 수평으로 하는데 사용한다.

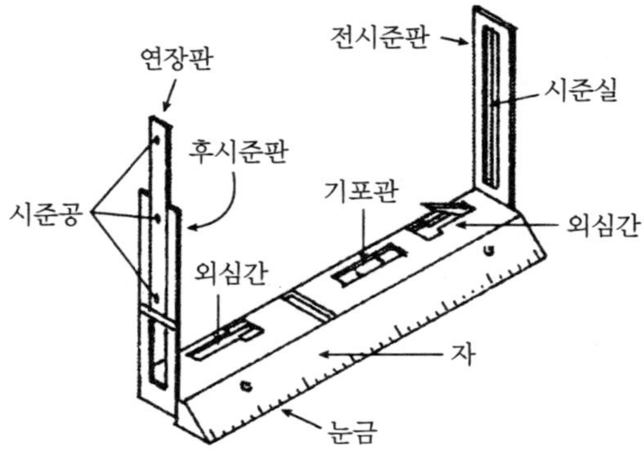

그림 4-4 앨리데이드

(4) 구심기와 추

구심기는 그림 4-5와 같이 지상의 측점과 도화지 위의 측점을 추심을 달고 동일 연직상에 일치시키기 위하여 사용한다.

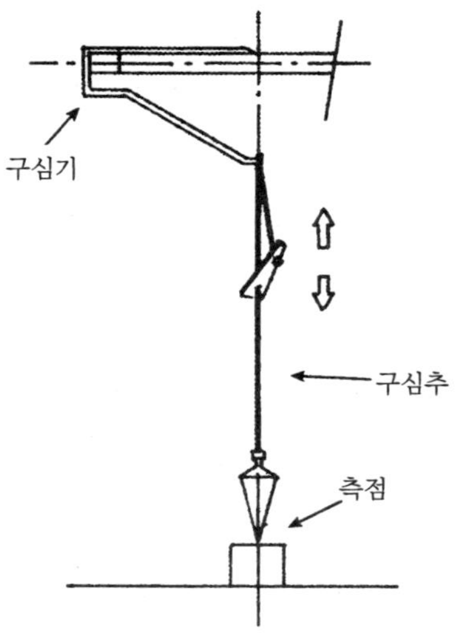

그림 4-5 구심기와 추심

(5) 자침함

그림 4-6과 같이 평판의 방향을 정하고 도화지에 자북선(자침을 표시한 북)을 그리기 위하여 사용한다.

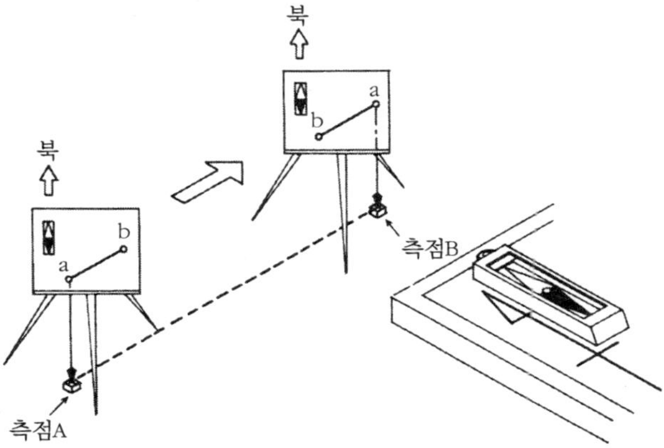

그림 4-6 자침함 사용방법

4.4 평판의 표정

평판을 측점에 설치하기 위해서는 그림 4-7과 같은 정준(정치), 구심(치심), 정위(지향)의 3조건을 만족시키지 않으면 안 된다. 이 3조건을 만족하도록 평판을 설치하는 것을 표정(標定)이라 한다.

정준(정치) : 평판을 수평으로 한다.

구심(치심) : 도화지상의 측점과 지상의 측점을 일치시키는 것.

정위(지향) : 도화지의 측선의 방향과 지상의 측선의 방향을 일치시키는 것.

작업으로서는 구심 → 정준 → 정위의 순으로 한다.

그림 4-7 평판의 표정

4.4.1 구심

구심은 그림 4-8에 나타낸 것과 같이,

(1) 지상의 측점(A)와 도화지의 측점(a)를 눈대중으로 대충 동일 연직선상에 오도록 삼각을 신축시켜 조정한다. 또 동시에 평판이 대충 수평이 되도록 한다.

(2) 도화지의 측점에 구심기의 선단을 맞춰 추심의 선단이 지상의 측범과 일치하도록 평판을 이동시켜 조정하여 허용범위 내에 있음을 확인한다.

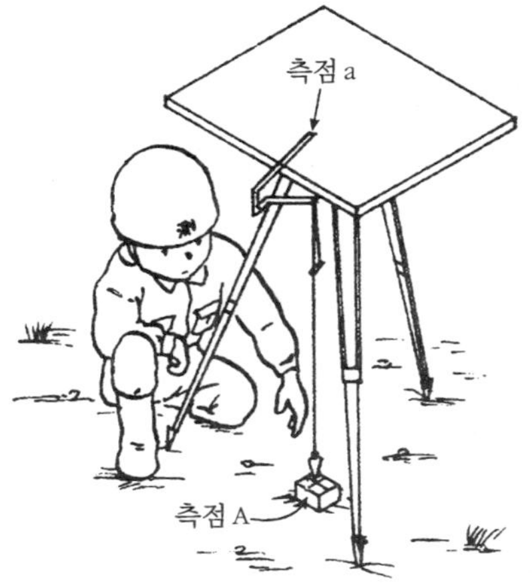

그림 4-8 구심

구심 작업에 있어서 구심오차의 허용범위는 측량할 때의 축척에 따라 다음 식과 같이 정하게 된다.

$$e = q \cdot m/2 \qquad (4-1)$$

단, q는 제도상의 오차로서 연필심 두께(0.2mm)이고, m은 도면의 축척의 분모수를 나타낸다.

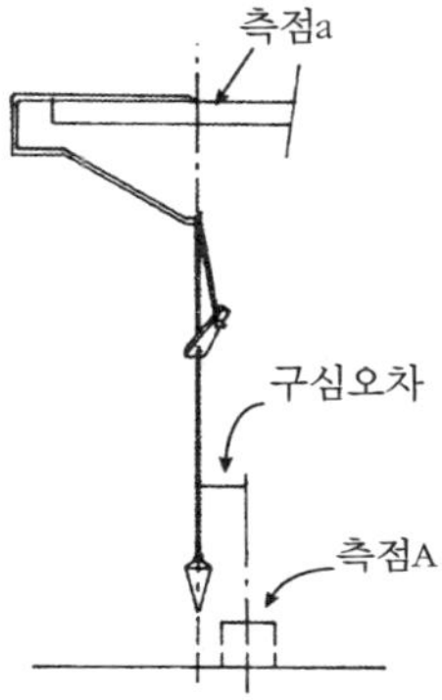

예제 4－1	1/100의 축척의 경우의 구심오차의 허용 값을 구하시오.

4.4.2 정준

그림 4－9에 나타낸 것과 같이 삼각(신축자재)과 무빙헤드로 평판을 수평(평판상에 놓은 앨리데이드의 기포를 중앙으로 유도한다)으로 한다.

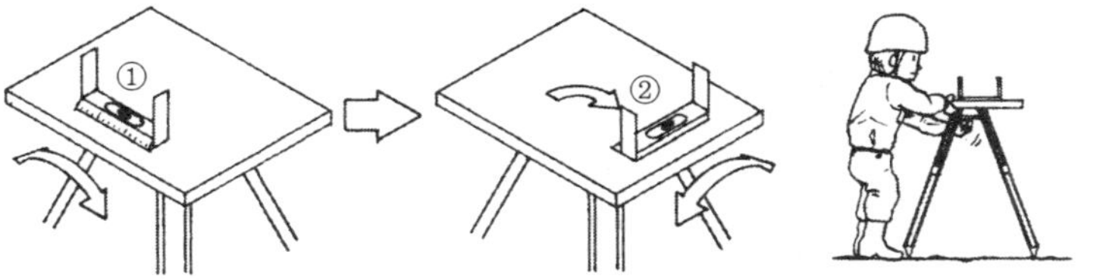

그림 4－9 정준

(1) 앨리데이드를 평판 위에 ①과 직각방향으로 놓고 기포관의 기포가 중앙으로 오도록 무빙헤드를 조여 조정하고 중앙에 오면 나사를 고정한다.

(2) 다음에 앨리데이드를 ②와 같이 ①과 직각방향에 놓고 기포관의 기포가 중앙으로 오도록 무빙헤드를 조여 조정하고 중앙에 오면 나사를 고정한다.

(3) (1)~(2)의 조작을 반복하고 앨리데이드의 기포가 어떤 방향으로 향하여도 중앙으로 오도록 한다.

(4) 정준 완료 후, 구심에 착오가 없는지 확인하고 착오가 있을 경우는 조정한다.

4.4.3 정위(지향)

정위에는 앨리데이드에 의한 방법과 자침에 의한 방법이 있지만, 자침에 의한 경우는 그다지 정확히 할 수 없으므로 앨리데이드에 의한 방법의 보조로써 사용되고 있다. 또 정준·구심 및 정위의 조작 가운데, 정위에 의한 흩뜨려짐이 오차에 크게 영향을 주기 때문에 정확히 할 필요가 있다.

이하 그림 4-10과 같이 앨리데이드에 의한 방법에 대하여 나타낸다.

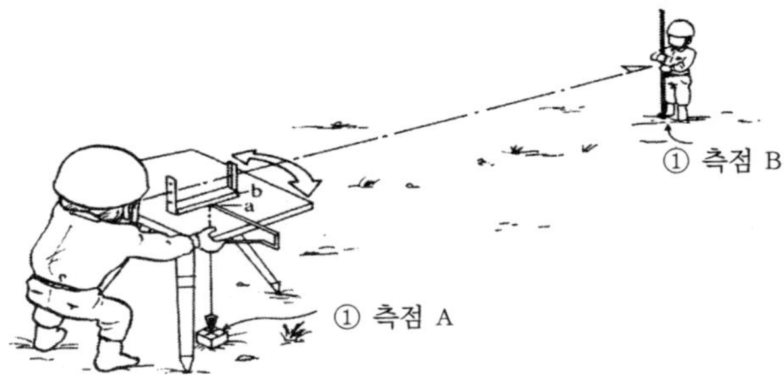

그림 4-10 정위

(1) A점에 평판을 설치하고 정준과 구심을 한다. 이 때 도화지상의 측선 방향과 지상의 측선 방향이 대체로 동일 방향이 되도록 하는 것이 중요하다.

(2) 앨리데이드를 도화지상에 그려진 측선 ab에 자 끝을 맞추어서 시준선이 B점을 지나도록 평판을 회전시킨다.

(3) 시준선이 맞게 B점에 들어가게 되면 시준하면서 무빙헤드를 조

여서 고정한다.

(4) 정위 완료 후, 구심 및 정준이 거칠지 않은지 확인한다.

4.5 평판측량에 의한 면적측량

평판측량의 방법에는 방사법, 도선법, 교회법이 있고 현장의 지형, 장애물의 상황 또는 측량의 목적으로부터 적당한 방법을 택한다. 일반적으로 대지역의 도근측량(기준점의 부족을 보충하기 위하여 증설한 정확도가 낮은 기준점을 갖게 하는 측량)에는 교회법이나 도선법이 사용되며, 소지역의 세부측량에는 방사법이나 도선법이 쓰인다.

4.5.1 방사법

방사법은 그림 4-11에 나타낸 것과 같이 측량하는 구역의 내측 또는 외측의 1점에 평판을 설치하고 방사상에 시준선을 내어 작성하는 방법으로서 골조측량과 세부측량이 있다.

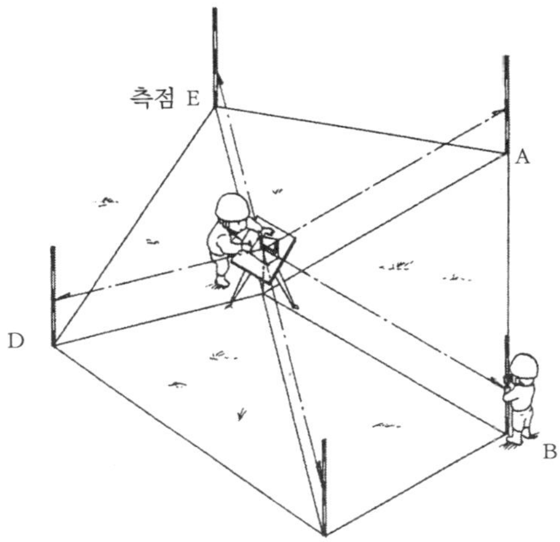

그림 4-11 방사법

(1) 골조측량

그림 4-12에 나타낸 것과 같이 한정된 소지역의 골격도를 만드는 경우에 사용된다.

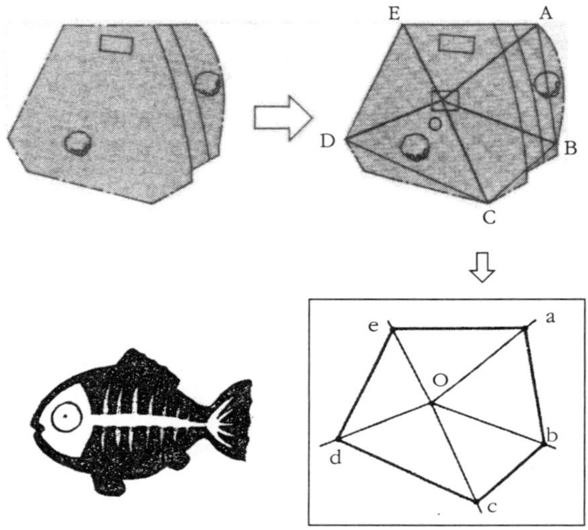

그림 4-12 골조측량

① 모든 점에서 시준이 가능한 점(O)에 평판을 설치하여 표정한다. 이 때 모든 점이 도화지 내에 들어올 수 있도록 측점 O를 정한다.

② 앨리데이드의 자 끝을 도화지의 측점 O의 말뚝에 맞추어 A점을 시준하는 방향선을 그린다.

③ OA의 거리를 줄자로서 직접측량(평판의 높이)하고, 적당한 축척(예를 들어, 1/100)으로 도화지에 a점을 취하며 방향선 oa를 그린다. 이 때 실측한 거리를 도화지 또는 야장에 기록한다.

④ 같은 방법으로 각점(b, c, d, e)을 도화지에 구하며 abcde를 연결한다.

⑤ 최후에 다각형 ABCDE의 한 변을 실측하여 점검한다.

(2) 세부측량

그림 4-13에 나타낸 것과 같이 지상의 기준점을 이용하여 지형의 세부에 대하여 측량하고 작도하는데 쓰인다.

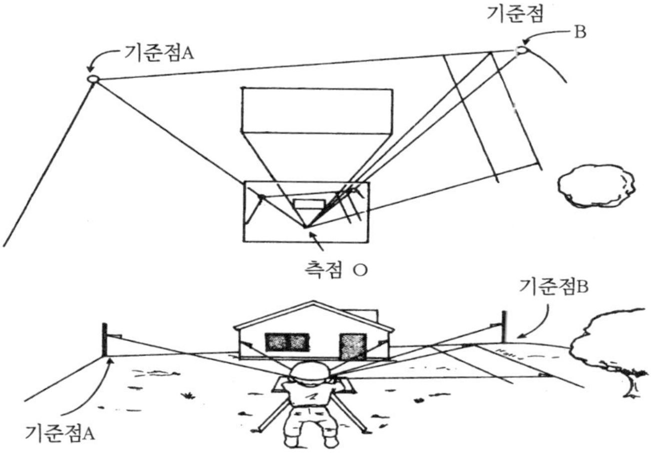

그림 4-13 세부측량

① 측점 O에 평판을 설치하고 기준점 A, B를 써서 표정한다.

② 측점 O에서 세부의 점을 순차적으로 시준하여 도화지에 위치를 구한다.

4.5.2 도선법

평판에 의한 트래버스 측량이다. 트래버스는 측점과 측점을 연결한 다각노선을 말하며, 트래버스의 각 측선에 대하여 그 길이와 방향을 순차적으로 측정하며, 평판상의 위치를 구해 가는 측량이다.

도선법은 그림 4-14에 나타낸 것 같이 각 측점(A, B, C, D)에 평판을 설치하여 측선의 방향과 측정간의 거리를 측정하면서 전진하며, 도화지에 트래버스를 정해 가는 방법이다.

① 측점 A에 평판을 설치하여 측정할 구역이 도화지에 넣도록 평판

의 방향과 측점 A의 도화지상에 점 a를 정한다.

② 앨리데이드의 자 끝을 도화지상의 측점 a의 말뚝에 맞춰 측점 B를 시준하는 방향선 ab를 그린다.

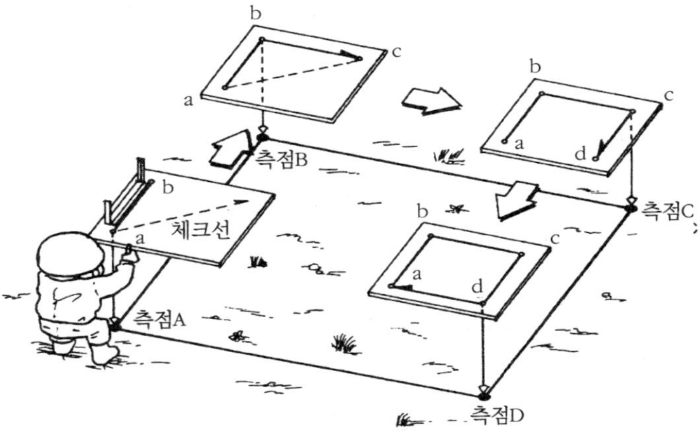

그림 4-14 도선법

③ AB의 거리를 줄자로 실측하고, 정해진 축척으로 도화지상에 b점을 취하여 방향선 ab를 그린다.

④ 여기서 임의의 점, 예를 들어 측점 C를 시준하여 방향선 ac를 그려 놓고, 나중에 측량의 결과를 검사할 수 있도록 한다. 이 선을 체크선이라 부른다.

⑤ B점에 평판을 표정하고(도화지상의 ab선을 이용), 측점 C를 시준하여 방향선 bc를 그려 c를 정한다. 이때 c가 체크선 ac상에 있는지 없는지 검사한다.

⑥ 이하 같은 방법으로, 도화지상에 각 측점을 정하고 도화지상의 점 a′가 출발점 a와 일치하면 된다. 일치하지 않으면 그 차이가 오차(폐합오차)가 되고, 이것이 일정한 허용범위 내에 있으면 보정한다.

4.5.3 교회법

교회법에는 전방교회법, 측방교회법, 후방측회법이 있지만, 여기서는 일반적인 전방교회법에 대하여 설명한다.

그림 4-15에 나타낸 것과 같이 전방교회법은 각 측점을 지날 수 있는 2개의 기지점에 설치하고, 그곳에서부터 각 측점의 방향선을 그리는 것으로부터 거리를 측정하지 않고 각 측점의 도화지상의 점을 구하는 방법이다.

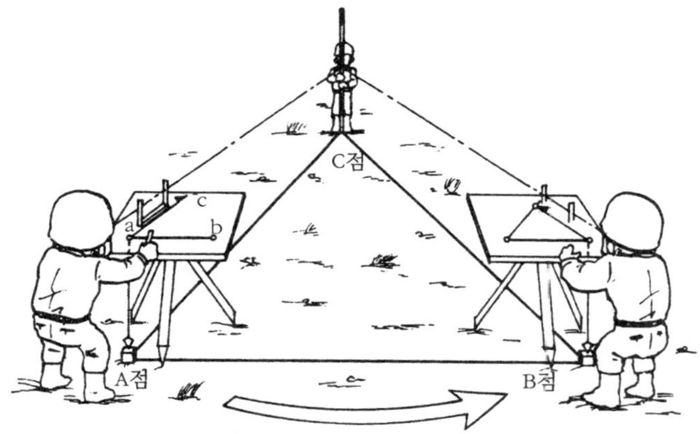

그림 4-15 교회법

(1) A점에 평판을 설치하고(ab방향에 정위), a에서 측점 C로 방향선을 그린다.

(2) 다음에 평판을 B점에 이동하여 설치하고(ba방향의 정위), 같은 방법으로 측점 C로의 방향선을 그린다.

(3) A점에서 구한 방향선과 B점에서 구한 방향선과의 교점 c가 각 측점의 도화지상에서 구하는 점이 된다.

포인트

측량의 정확도를 확보하기 위하여 2방향선과 만들어지는 각(교회각)은 40° ~140° 의 범위로서 가능한 한 90° 에 가까운 것이 좋다.

4.6 평판의 오차와 정확도

4.6.1 정준오차

평판이 수평이 아닐 때 생기는 오차로써, 평판의 경사는 1/200까지 허용된다.

4.6.2 구심오차

평판의 도화지상의 측점과 지상의 측점이 일치하지 않을 때에 생기는 오차이며, 다음과 같이 구할 수 있다.

$$e = q \cdot m/2$$

단, e는 허용범위, q는 제도상의 오차로서 연필심 두께(0.2mm)이고, m은 도면의 축척의 분모수를 나타낸다.

4.6.3 지향오차

표정의 3조건 가운데 거친 지향이 가장 측량의 오차에 영향을 준다.

4.6.4 평판측량의 정확도

평판측량의 정확도는 측량방법이나 측량기기의 상위에 따라 다르지만, 일반적으로 거리측량의 정확도를 넘지는 않는다.

– 도선법의 경우 –

(1) 폐합오차의 허용값

$$e = 0.2\sqrt{n} = (\text{mm})\text{이내}$$

n은 변의 수이며 변의 수는 원칙적으로 10변의 수 이내

예제 4-2 | **그림과 같은 변의 수가 5의 경우의 폐합오차의 허용 값을 구하시오.**

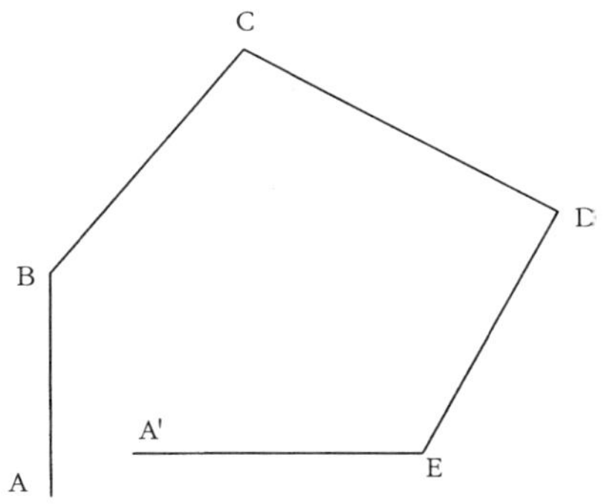

(2) 폐합비 – 폐합오차(m) / 변의 길의 합계(m) = 1/M

지형	폐합비의 허용범위 1/M
평탄지	1/1000 이내
완경사지	1/1000 ~ 1/500
산지 또는 복잡지형	1/500 ~ 1/300

예제 4-3 **아래 그림은 도선법에 의한 폐합트래버스 측량의 결과이며, 출발점 A와 종점 A′의 오차가 0.1m이었다. 이 때의 폐합비를 구하시오.**

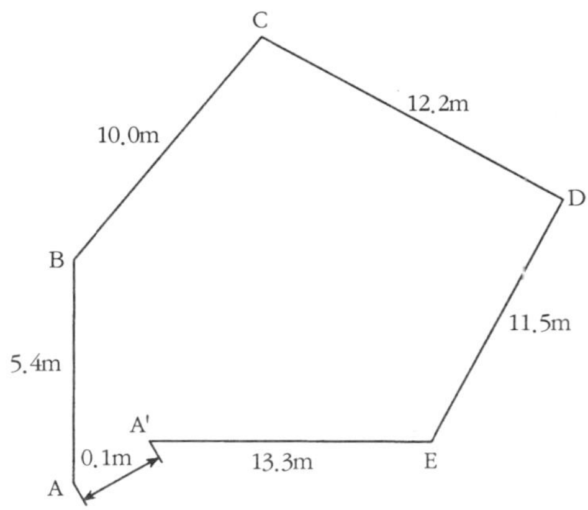

(3) 폐합오차의 배분

폐합오차가 허용범위 이내에 있으면 오차를 조정하고 허용범위 이상에 있으면 원인의 검토 및 재측량한다.

A : 도해에 의한 방법(그림 4-16)

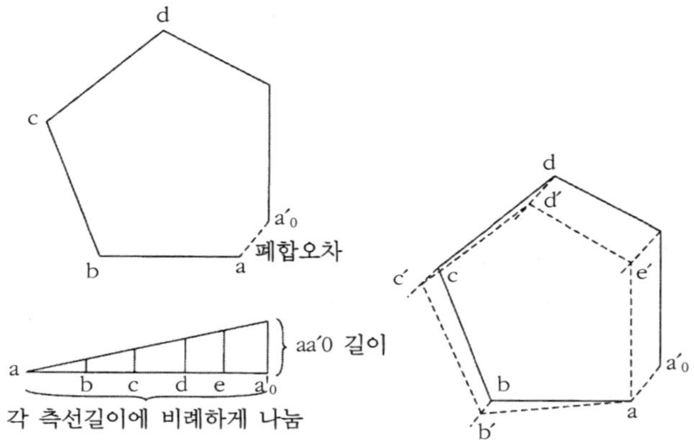

그림 4-16 폐합오차의 배합방법

① 직선상에 측선 ab, bc, ..., ea' 0의 길이에 비례하도록 점 a, b, ..., a' 0를 취한다.

② a' 0점에서 직선에 수직에 폐합차 aa' 0의 길이에 동등하게 a' a0' 를 취하고, a' 와 a0' 를 연결한다.

③ b, c, ..., e점에서 직선 aa' 0에 수직선을 긋고, aa' 와의 교점을 b' , c' , ..., e' 로 하면, bb' , cc' , ..., ee' 의 길이가 각 측점의 조정량이다.

④ 도화지상의 각 측점에서 aa' 0에 평행하게 직선을 긋고 이 선상에 각 측점의 조정량을 취하고, 이것을 순차적으로 연결하면 된다. 이것이 조정된 트래버스이다.

B : 계산에 의한 계산

폐합오차 aa′ = ε, 측선의 전장 = L이라 하면 폐합비는 $R = \varepsilon / L$이 되고, 각 측점에 있어서 조정량은 각각 다음과 같이 된다.

$$bb' = R \times ab$$

$$cc' = R \times (ab + bc)$$

$$dd' = R \times (ab + bc + cd)$$

$$ee' = R \times (ab + bc + cd + de)$$

예제 4-4 **다음 그림은 폐합트래버스 측량의 결과이며, 폐합오차가 0.2m였다. 이 경우의 폐합비를 구하고, 또 각 측점에 있어서 조정량을 구하시오.**

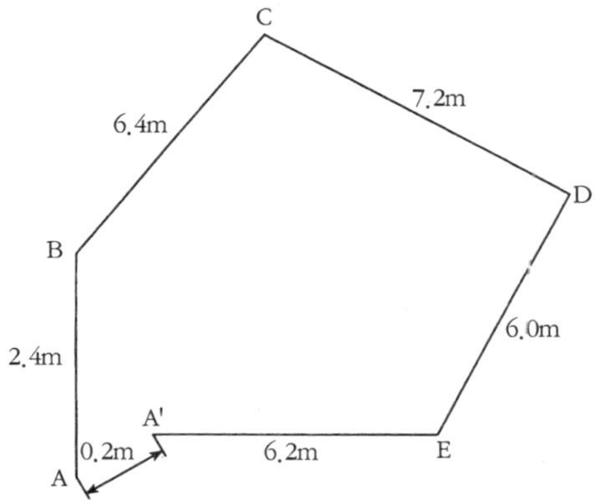

· 측선의 전장 $L = 2.4 + 6.4 + 7.2 + 6.0 + 6.2 = 28.2$cm

· 폐합비 $R = 0.2/28.2 = 0.0071$

· 각 측점의 조정량

$$bb' = R \times 2.4 = 0.017\text{m}$$

$$cc' = R \times (2.4 + 6.4) = 0.062\text{m}$$

$$dd' = R \times (2.4 + 6.4 + 7.2) = 0.114\text{m}$$

$$ee' = R \times (2.4 + 6.4 + 7.2 + 6.0) = 0.156\text{m}$$

4.6.5 축척

측량을 위한 지역의 현지답사와 측량목적에 따라서 측량도면의 축척을 정해야 한다. 이 축척의 대소에 따라 사용할 기계, 기구 및 측량의 방법도 달라지게 된다.

(1) 축척 1/2500

측점의 적은 오차도 도면의 정밀도에 큰 영향을 미치게 되므로 평판을 세울 측점은 트래버스 또는 3각측량 등으로 결정한 다음 도면상에 전개하여 둔다. 이를 기준으로 하여 주위의 지물을 방사법이나 교회법으로 측정한다. 보통 토목공사용 또는 도시계획용 도면은 대부분 이 범위의 축척으로 한다.

(2) 축척 1/2500~1/10000

평판으로 측량을 마칠 때도 있지만, 트랜싯으로 측량한 트래버스 측량의 측점 또는 3각측량의 측점이 도면상에 여러 개가 전개되어 있으므로 이들을 이용하여 교회법이나 3점법 등으로 새로운 평판측점을 도면상에 결정해서 지물의 상세한 것을 방사법, 교회법과 스타디아를 병용하여 측정한다.

(3) 축척 1/10000~1/50000

일반적으로 골조는 3각측량으로 정하고 평판의 측점은 후방교회법 또는 교회법 등으로 결정한다. 세부측량은 마음속에서 계획한 여러 점을 교회법으로 구하고, 이를 기준으로 스케치하여 작도한다.

(4) 축척 1/50000 이하

4.7 평판측량의 응용

4.7.1 앨리데이드에 의한 거리측정

그림 4-17에 나타낸 것과 같이 A점에 평판을 설치하고, B점에 폴대(poll)를 세워 폴대에 2장의 목표판을 일정간격(기선 길이 Z : 1, 2 또는 3m)으로 나누어 앨리데이드로 ab를 시준할 때 a, b에 대한 전시준판의 눈금을 각각 $n1$, $n2$라고 한다면, 거리 D는 다음 식으로 계산할 수 있다.

$D = 100 \cdot Z/(n1 - n2)$

단, D는 거리(m)이고, Z는 폴대의 ab간격(m), $n1$, $n2$는 앨리데이드의 읽기를 나타낸다.

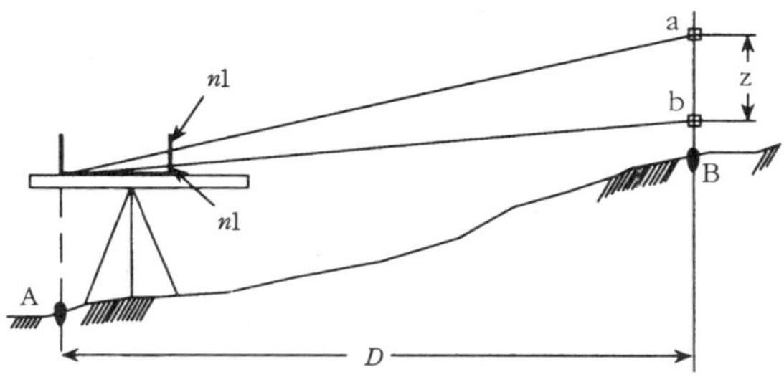

그림 4-17 앨리데이드에 의한 거리측량

예제 4-5	**그림 4-17에 있어서 기선장 Z를 2m로 할 때, 앨리데이드의 눈금이 $n1$(10.5), $n2$(3.1)였다. 이 때의 A점과 B점과의 거리는 얼마인지 구하시오.**

$D = Z \cdot (n1 - n2)$

$100 \times 2(10.5 - 3.1) = 27.0\,\text{m}$

4.7.2 앨리데이드에 의한 고저차 측량

제5장에서 설명한 수준측량과 같은 원리로, A점의 표고 H_A을 알면,

그림 4−18과 같이 $n1$, $n2$를 측정하여 다음 식으로 B점의 표고 H_B을 구할 수 있다.

$$H_A = H_B + (n1 - n2).D/100 + (I - h)$$

단, H_B : 측점 B의 표고, H_A : 측점 A의 표고, $n1, n2$: 앨리데이드의 읽기, I : 평판점에서의 시준공의 높이, h : B점에서의 눈금판의 읽기이다.

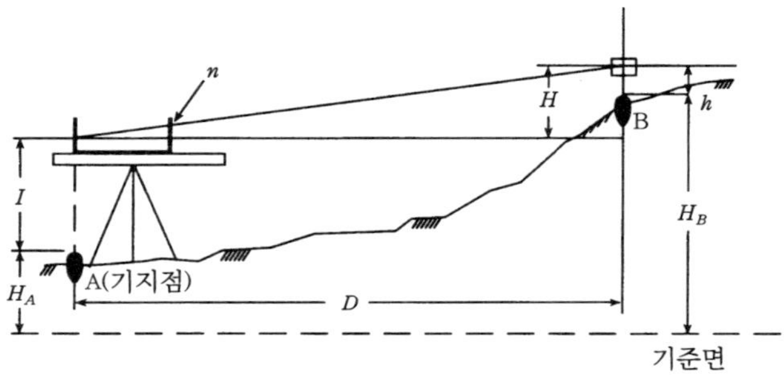

그림 4−18 앨리데이드에 의한 고저차 측량

예제 4−6	**그림 4−18에 있어서, A점의 표고가** 10.0m, **A점과 B점과의 거리가** 30m**이고, 또 A점에 있어서 시준공의 높이와 B점에서의 눈금판의 읽기는** 1.0m**였다. 이 때의 앨리데이드의 읽기는,** n1(+2.3), n2(−2.1)**였다. B점의 지반높이를 구하시오. 어떤 2점간을 동일조건으로** 5 **회 측정한 경우의 최확값(M0)을 구하라.**

4.8 면적 계산방법

4.8.1 면적계산법의 분류

(1) 직접 및 간접 측정법

- 직접법 − 계산에 필요한 거리 및 각도를 현지에서 측정하는 방법
- 간접법 − 현지에서 측정된 경계선을 그림에 그리고, 도화지상의

거리를 측정(삼각스케일)하여 면적을 계산하는 방법

법(옵셋법)

(2) 사용하는 계산식에 의한 분류

삼사법, 삼변법, 태형법, 지거및 좌표법이 있다. 여기서는 일반적으로 삼사법 및 삼변법에 대하여 설명한다.

4.8.2 면적계산

그림 4-19와 같은 평판상에 그려진 도형(폐합트래버스)을 도화지상에서 삼각형으로 분할하고, 각각의 삼각형의 면적을 구하여 합계한다. 또 오차를 가능한 한 적게 하기 위해 정삼각형에 가깝게 되도록 분할한다.

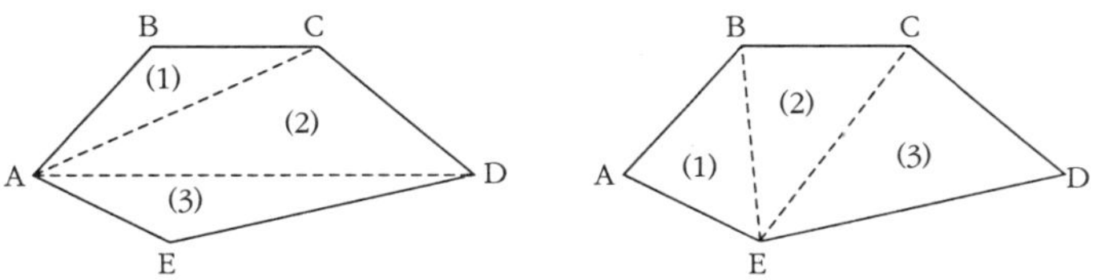

그림 4-19

(1) 삼사법

분할된 각각의 삼각형의 저변과 높이를 도화지상에서 구하고, 아래식에서 면적(F)을 구하시오.

$$F = 1/2 \cdot (b \cdot h)$$

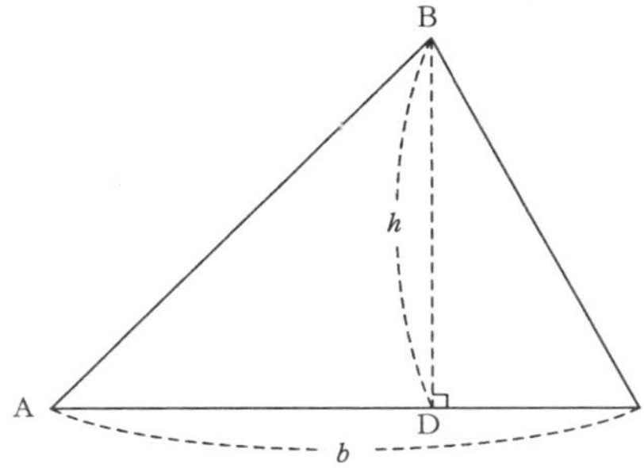

예제 4－7 그림 4－20과 같이 측량된 그림을 4개의 삼각형으로 분할하고, 각각의 삼각형의 면적을 구하시오.

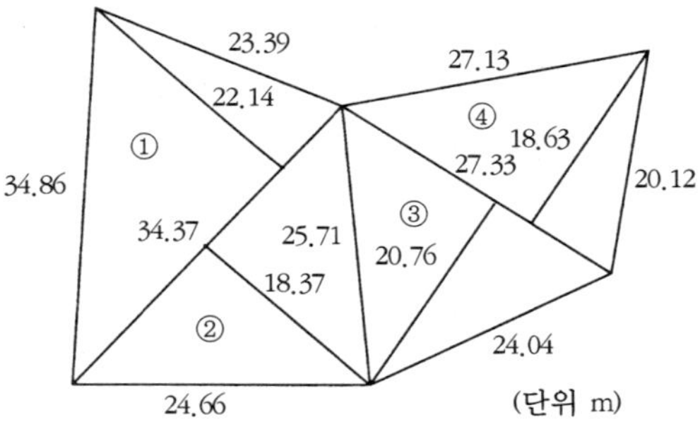

그림 4－20

삼각형	저변(m)	높이(m)	면적(m^2)
(1)	34.37	22.14	380.48
(2)	34.37	18.37	315.69
(3)	27.33	20.76	283.69
(4)	27.33	18.63	254.79
합계			1234.65

(2) 삼변법(헤론의 공식)

2.3절의 (3)에서 설명한 것과 같이 삼각형의 삼변 a, b 및 c를 알면, 다음 식(헤론공식)을 사용하여 면적(S)을 계산할 수 있다.

$$S=\sqrt{s(s-a)(s-b)(s-c)}$$

단, $s=1/2\cdot(a+b+c)$

예제 4－7 을 삼변법으로 풀어 구하시오.

삼각형	a	b	c	s	(s－a)	(s－b)	(s－c)
(1)	34.86	34.37	23.39	46.31	11.45	11.94	22.92
	S (1) $=\sqrt{46.31\times11.45\times11.94\times22.92}=380.93$						
(2)	34.37	24.66	25.71	42.37	8.00	17.71	16.66
	S (2) $=\sqrt{42.37\times8.00\times17.71\times16.66}=316.24$						
(3)	25.71	24.04	27.33	38.54	12.83	14.50	11.21
	S (3) $=\sqrt{38.54\times12.83\times14.50\times11.21}=283.5$						
(4)	27.18	27.33	20.12	37.29	10.16	9.96	17.17
	S (4) $=\sqrt{37.29\times10.16\times9.96\times17.17}=254.54$						
합계	$S = 380.93\times316.24\times283.5\times254.54 = 1235.21m^2$						

부지의 수준측량

5.1 고저차의 정의

부지 내의 2점간의 높이 차를 고저차라 하며, 부지를 입체적으로 나타내는 데는 이 고저차를 측량하는 것이 필요하게 된다. 또 지표면의 모든 점간의 고저차를 측량하는 측량을 수준측량이라 한다.

건축공사에서는 지형의 고저차를 측량하여 건축물을 계획하고 그 계획에 따라서 소정의 높이에 건축물을 건설한다.

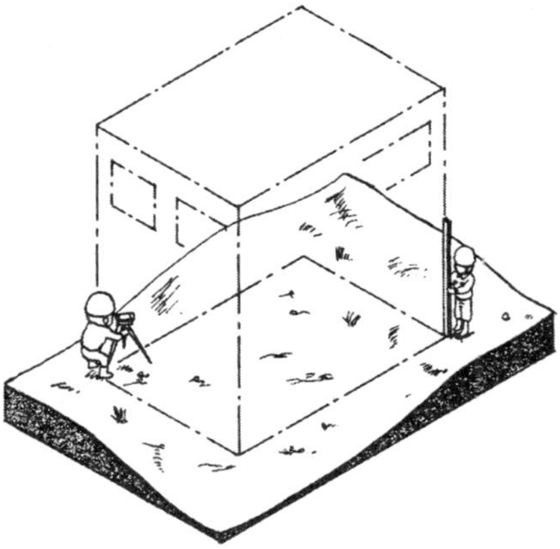

5.2 수준측량의 분류

(1) 직접수준측량

그림 5-1에 나타낸 것과 같이 측정기인 레벨(수준의)과 표척(스탑)에 의하여 직접 고저차를 측정하는 방법이다.

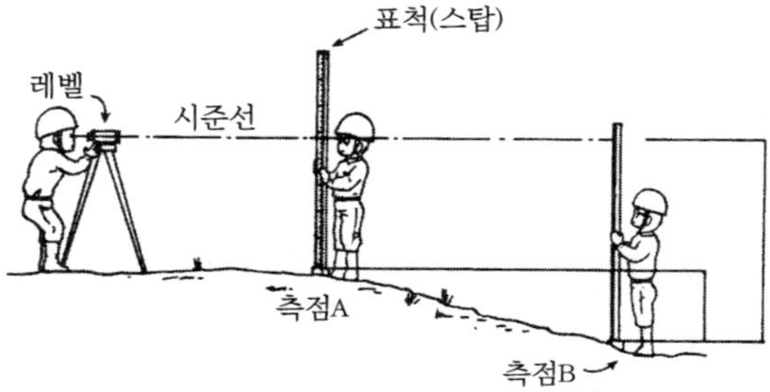

그림 5-1 직접수준측량

(2) 간접측량

그림 5-2에 나타낸 것과 같이 측각용 기구(트랜싯)에 의하여 연직각을 측정하고 계산으로부터 고저차를 구하는 방법이다. 그림처럼 경사가 거의 일정한 경우, 사거리 및 각도(α)를 측정하여 고저차(h)를 구할 수 있다.

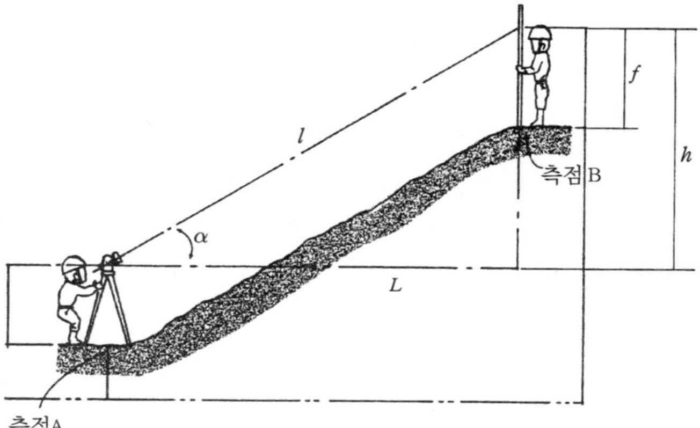

그림 5-2 간접수준측량

5.3 수준측량에 쓰이는 기구

수준측량으로 쓰이는 기구로서는, 수준(수평)을 구하는 레벨과 눈금이 있는 용구인 표척을 사용하여 고저차를 측정한다.

5.3.1 레벨

레벨에는 시준선을 수평으로 하는 방법에 따라 용기가 여러 가지 있지만, 일반적으로는 자동레벨이 많이 사용된다. 자동레벨은 그림 5–3에 나타낸 것과 같이 원형 기포관으로 개략 수평으로 설치하면 자동보정기구(중력을 이용)에 의해 시준선이 자동적으로 수평으로 되도록 되어 있으며, 망원경, 기포관 및 정준장치로 구성되어 있다.

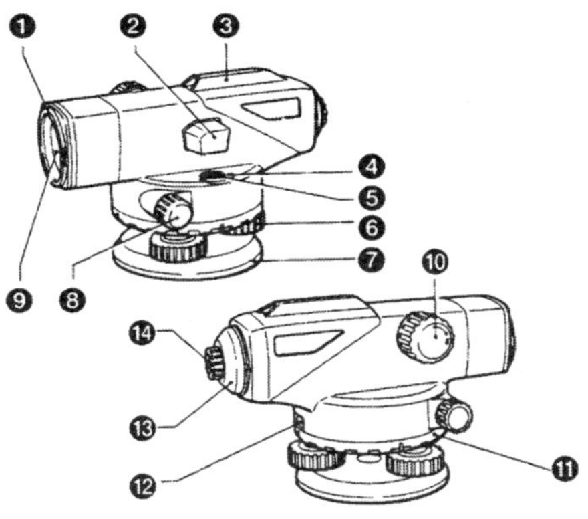

그림 5–3 자동레벨

① 렌즈덮개
② 반사 프리즘
③ 뷰사이드
④ 원형기포관 조정나사
⑤ 원형기포관
⑥ 정즌나사
⑦ 저판
⑧ 이동나사
⑨ 대물렌즈
⑩ 조리개 나사
⑪ 수평눈금판 회전링크
⑫ 수평눈금 조정판
⑬ 조정나사 커버
⑭ 접안렌즈

5.3.2 표척

표척은 그림 5–4에 나타낸 것과 같이 시준선의 높이를 표시하는 것으로서 직접수준측량에서는, 이것을 측점에 연직으로 세우고 레벨로 시준하여 표척의 눈금을 읽으며 시준선의 높이를 구한다. 표척에는 목제 또는 금속제의 사각 통형의 빼고 넣는 식으로 길이는 3~5m의 것이 있고 최소눈금은 5mm이다.

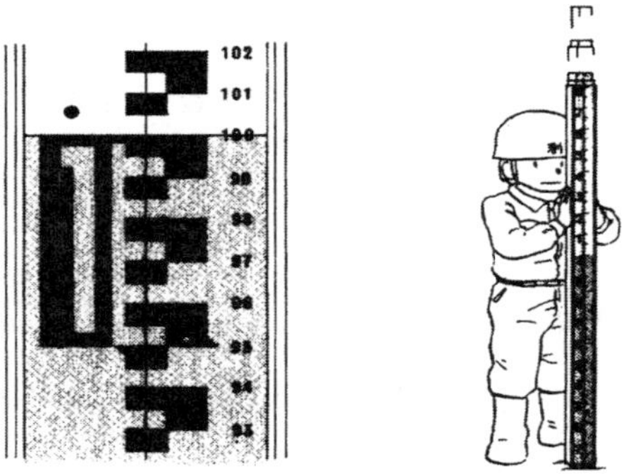

그림 5-4 표척

(1) 사용법

① 표척은 부속의 수준기로 연직을 세운다.

② 좌우의 경사는 레벨의 망원경의 십자종선으로 쉽게 알 수 있지만, 전후의 경사는 발견하기 어려우므로 표척을 조심히 전후로 움직여서 최소의 눈금을 읽는다.

③ 빼고 넣는 식의 경우는 확실하게 세로 눈금으로 잠근다.

④ 표척의 끝이 침하나 이동을 하지 않도록 하기 위한 점을 택하여 세운다.

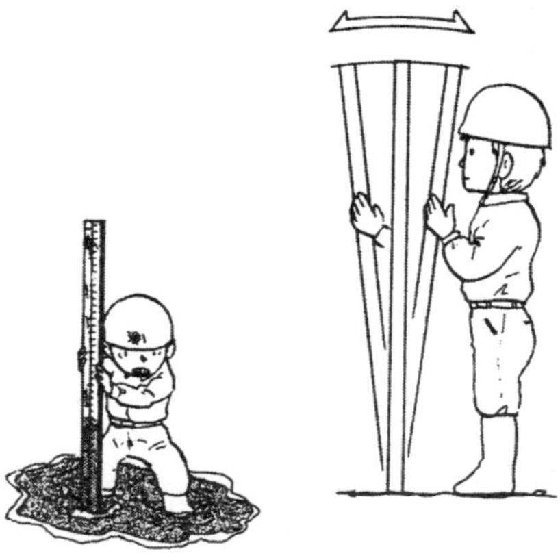

그림 5-5 표척의 사용법

(2) 눈금 읽는 법

레벨로 시준하여 눈금을 읽기에는 그림 5–6과 같이 망원경의 십자 가로선에 보다 가까운 눈금을 읽고 최소 눈금 이하는 분량으로 읽는다.

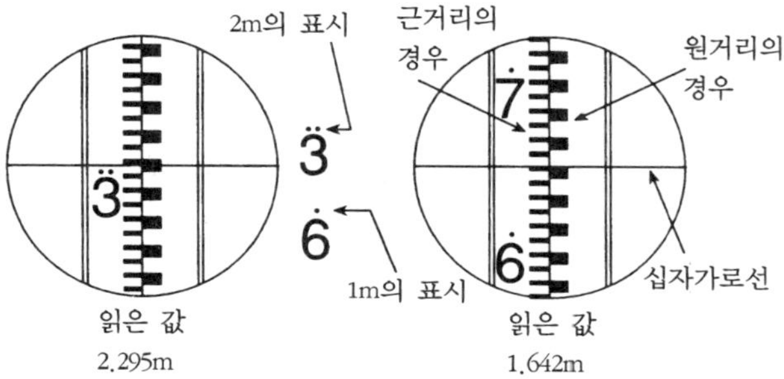

그림 5–6 표척의 눈금을 읽는 방법

5.4 간접수준측량 방법

직접수준측량은 5.2절에서 설명한 것과 같이 표척을 이용하여 직접 고저차를 측정하는 방법이다. 측정하는 방법으로는 그림 5–7에 나타낸 것과 같이 승강식과 기고식이 있으며, 승강식은 기복이 심하고 장애물로 시야가 좋지 않은 지형의 경우에서, 기고식은 장애물이 적고 시야가 좋은 평지의 경우에서 사용된다.

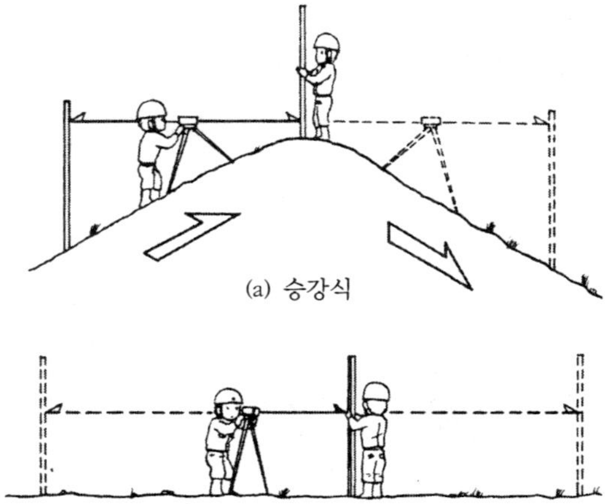

(a) 승강식

(b) 기고식

그림 5-7 승강식과 기고식

5.4.1 수준측량의 용어

그림 5-8 수준측량 용어

(1) 후시(B.S: back sight) - 표고를 알고 있는 측점에 세운 표척을 시준하는 것 또는 그 읽기를 말한다.

(2) 전시(F.S: fore sight) - 표고를 구하고자 하는 점(미지점)에 세운 표척을 시준하는 것 또는 그 읽기를 말한다.

(3) 기계고(I.H: instrument height) - 레벨(망원경)의 시준선의 높이를 말한다.

(4) 이기점(T.P: turning point) – 시준거리가 멀리 되거나 고저차가 커서 표척이 읽을 수 없는 경우, 기계(레벨)를 옮겨야 할 필요가 생긴다. 이 점을 이기점이라 말하고 후시 및 전시를 읽는다.

(5) 중간점(I.P: intermediate point) – 어떤 지반의 표고만을 알기 위하여 전시만의 점을 읽는 것을 말한다.

(6) 지반고(G.H: ground height) – 지표면의 표고를 말하며, 기계고(I.H)에서 전시(F.S)를 뺀 값이 된다.

(7) 고저차 – 2점간의 표고의 차를 말한다.

5.4.2 레벨기계의 설치방법

(1) 삼각 설치

① 삼각대 하부의 핸들을 늘리고 고정나사를 푼다.

② 삼각대의 다리 끝을 넣은 상태로 지면에 맞닿게 하고 다리머리부분이 눈높이가 되도록 다리를 빼어 고정나사를 잠근다.

③ 다리 끝이 정삼각형이 되도록 삼각대를 펼친다.

④ 다리머리부분을 거의 수평으로 한 다음, 다리 아랫부분에 돌출된 부위를 밟아 삼각대를 움직이지 않도록 설치한다.

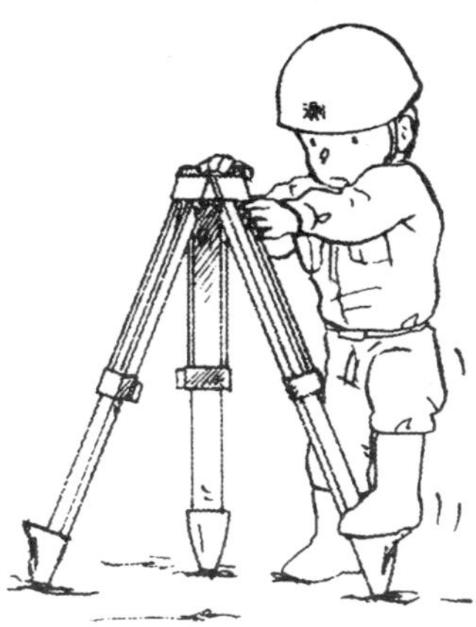

그림 5-9 삼각대 설치

(2) 레벨 정준

① 레벨을 삼각대의 다리머리부분으로 올려 정심나사로 고정한다.

② 구면 다리머리부분의 경우, 정심나사를 약간 풀어 밑판(그림 5−3의 ⑦)을 양손으로 잡고 다리머리부분을 밀어 원형기포관(그림 5−3의 ⑤)의 ○내의 기포가 오도록 유도한다.

③ 정심나사를 잠근다.

④ 정준나사(그림 5−3의 ⑥)를 돌려서 기포를 ○의 중앙에 넣는다.

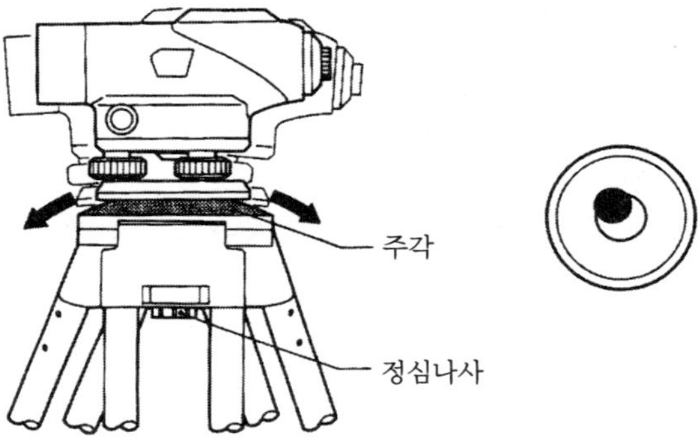

그림 5−10 레벨 정준

(3) 레벨 시준

① 뷰사이드(그림 5−3의 ③)를 사용하여 대물렌즈(그림 5−3의 ⑨)를 목표물로 향하게 한다.

② 접안렌즈(그림 5−3의 ⑭)를 천천히 돌리면서 초점십자선이 흐리기 직전에 멈춘다.

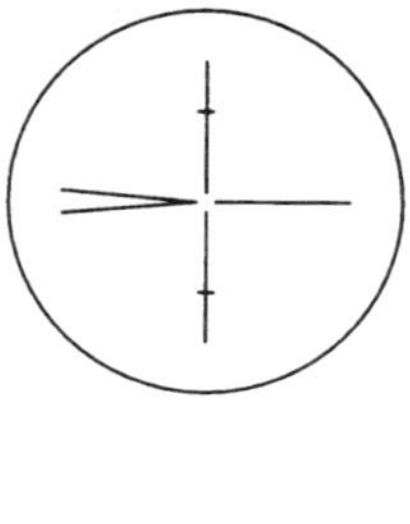

③ 미동나사(그림 5-3의 ⑧)를 돌려서 시야의 중앙 가까이에 목표물을 넣으며, 조리개나사(그림 5-3의 ⑩)을 돌려서 목표물에 초점을 맞춘다.

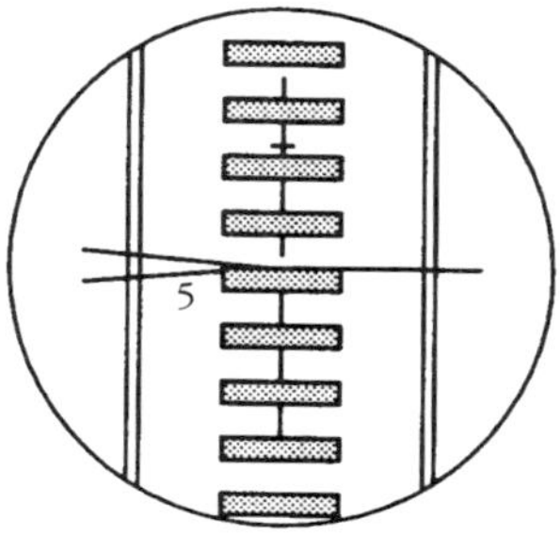

5.5 승강식에 의한 수준측량

표고를 알고 있는 점(A점 : 기지점)으로부터 표고를 모르는 점(B점 : 미지점)의 고저차를 구하는 방법이며, 기복이 심하고 장애물이 있는 지형에 적합하다. 그림 5-11의 (a)와 같이 A점으로부터 B점이 높을 경우, (b)와 같이 A점으로부터 B점이 낮을 경우가 있다.

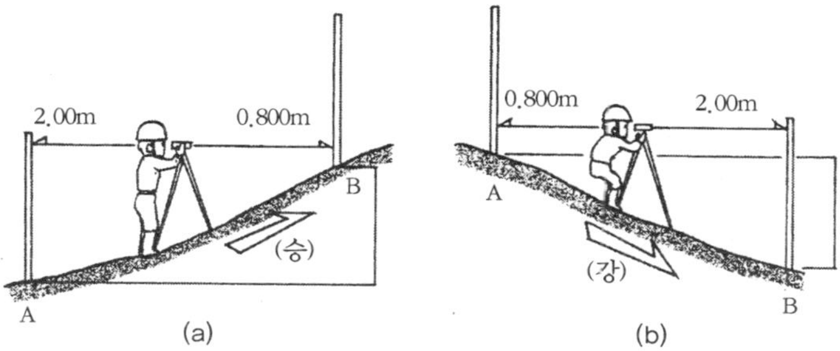

그림 5-11 승강식 수준측량

5.5.1 고저차

A점과 B점의 고저차= 후시-전시

그림 5-11에 있어서,

(a)의 경우, 고저차 = 2.000m - 0.800m = (+) 1.200m

(b)의 경우, 고저차 = 0.800m - 2.000m = (-) 1.200m

여기서 A점의 표고가 10.000m로 하면,

(a)의 경우, B점의 표고 = 10.000m + 1.200m = 11.200m

(b)의 경우, B점의 표고 = 10.000m - 1.200m = 8.800m

5.5.2 작업순서

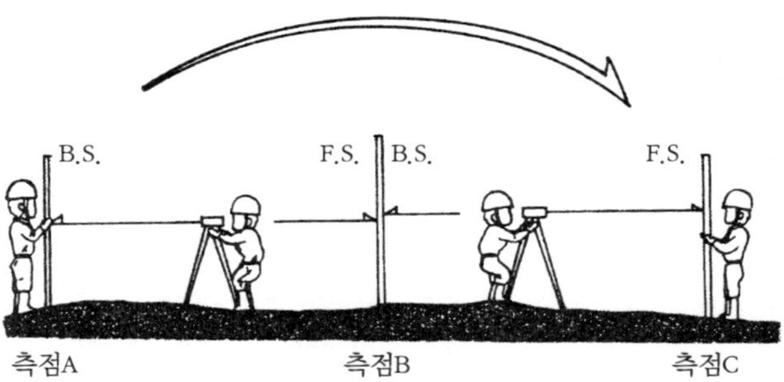

그림 5-12

그림 5-12에 있어서,

① A, B점의 거의 중앙에 레벨을 설치하고 A점에 세운 표척을 시준한다(후시).

② 다음에 레벨의 위치는 그대로 하고 회전시켜, B점에 세운 표척을 시준한다(전시).

③ A점의 표척을 C점으로 이동시키고, B점의 표척은 그대로 둔다. 또 레벨은 B점과 C점의 거의 중앙에 재설치하고 B점에 세운 표척을 시준한다(후시).

④ 다음에 레벨의 위치는 그대로 하여 회전시키며 C점에 세운 표척을 시준한다(전시).

5.5.3 야장 기입방법

측량 시에 있어서 수치의 기록은 일반적으로는 야장에 한다. 야장이라는 것은 측정값을 기록하는 장부로서, 측량의 결과가 전부 수록한 중요한 것으로서, 그 취급에 있어서는 다음과 같은 점에 주의한다.

① 일정형식의 것(예를 들어, 레벨 북)을 사용한다.

② 누가 보아도 알 수 있도록 정확하고 정연하게 기입한다.

③ 측정 값 외에 측정월일, 기후, 사용기계 번호, 측정자 및 기장자 이름 등을 기입한다.

④ 기장간의 실수를 적게 하기 위하여 측정자는 명료하게 보고하고 기장자는 반드시 이것을 복창한다.

5.5.4 승강식 야장 기입방법

그림 5-13에 나타낸 것과 같이 승강식에 의한 수준측량에 있어서 야장의 기입방법을 표 5-1에 나타낸다.

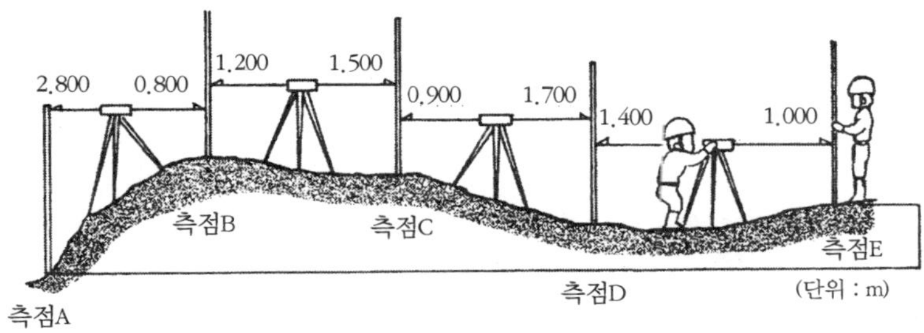

그림 5-13

표 5-1 승강식 야장의 기입 예 단위(m)

측점	후시(B.S)	전시(F.S)	승(+)	강(-)	표고(H)
A	①2.800				⑬10.000
B	③1.200	②0.800	⑨2.000		⑭12.000
C	⑤0.900	④1.500		⑩0.300	⑮11.700
D	⑦1.400	⑥1.700		⑪0.800	⑯10.900
E		⑧1.000	⑫0.400		⑰11.300
합계	6.300	5.000	2.400	1.100	

계산방법

- 측점 A와 측점 B의 고저차는 ①-② = ⑨, 측점 B의 표고는 ⑬+⑨ = ⑭
- 측점 B와 측점 C의 고저차는 ③-④ = ⑩, 측점 C의 표고는 ⑭+⑩ = ⑮
- 측점 C와 측점 D의 고저차는 ⑤-⑥ = ⑪, 측점 D의 표고는 ⑮+⑪ = ⑯
- 측점 D와 측점 E의 고저차는 ⑦-⑧ = ⑫, 측점 E의 표고는 ⑯+⑫ = ⑰

검산방법

후시의 합계-전시의 합계 = 승(+)의 합계-하(-)의 합계 = 측점 E의 표고-측점A의 표고

따라서

$$6.300 - 5.000 = 2.400 - 1.100 = 11.300 - 10.000 = 1.300\text{m(OK)}$$

5.6 기고식에 의한 수준측량

기본수준면에서 기계(레벨)까지의 높이(기계고)에 의하여 미지점의 표고(지반고)를 구하는 방법으로서 그림 5−14에 나타낸 것과 같이 시야가 좋은 평지의 측량에 적합하다.

그림 5−14 평지

5.6.1 고저차

그림 5−15에 나타낸 것과 같이 기계고(I.H)는 기본수준면에서의 높이인 표고 H_A에 A점의 후시(B.S)를 더한 것이다. 또 구하고자 하는 B점의 표고 H_B는 기계고에서 전시(F.S)을 빼어 구할 수 있다.

A점의 기계고(I.H) = H_A + A점의 후시(B.S)

B점의 표고(H_B) = A점의 기계고(I.H)−B점의 전시(F.S)

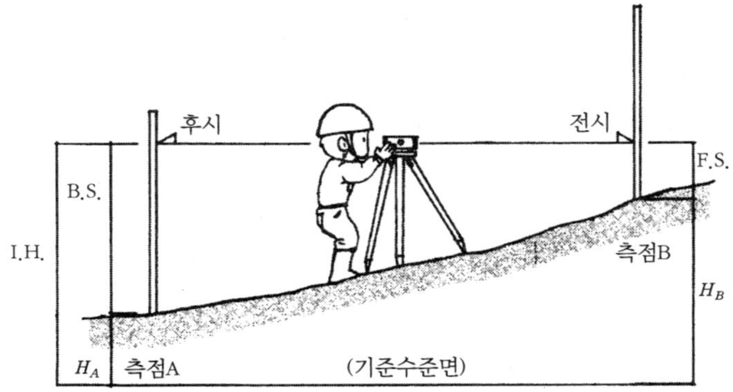

그림 5-15 기고식 수준측량

5.6.2 작업순서

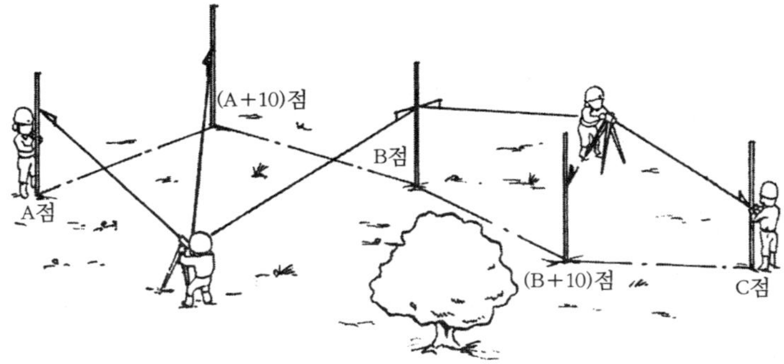

그림 5-16

그림 5-16에 있어서 A~C점까지의 고저차를 구하고자 하는 경우는 다음의 순서에 의한다.

(1) 레벨을 가능한 한 능률 좋게 측량 가능한 지점에 설치하고 A점을 시준(후시)한다.

(2) 다음에 A+10의 중간점을 시준(전시)하고 계속하여 B점을 시준(전시)한다.

(3) 다음에 레벨을 이동하고 B점을 시준(후시)한다. 이어서 B + 15

의 중간점을 시준(전시)하고 C점을 시준(전시)한다.

5.6.3 기고식 야장 기입방법

그림 5-17에 나타낸 기고식에 의한 수준측량에 있어서 야장의 기입방법을 표 5-2에 나타낸다.

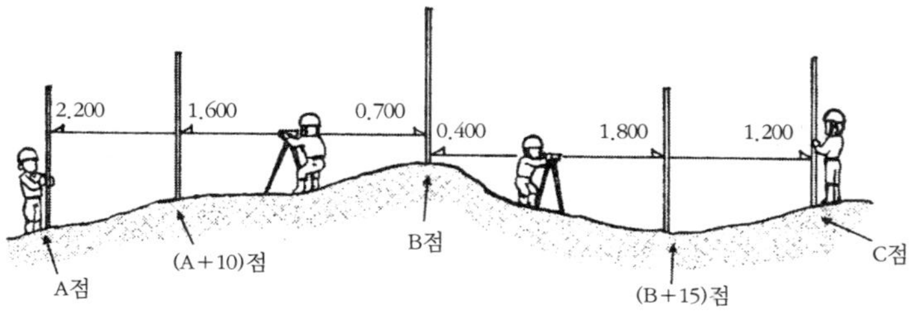

그림 5-17

표 5-2 기고식 야장의 기입 예 단위(m)

측점	후시(B.S)	기계고(I.H)	전시(F.S)		표고 H
			이기점(T.P)	중간점(I.P)	
A	①2.200	⑧12.200			⑦10.000
A+10				②1.600	⑨10.600
B	④0.400	⑪11.900	③0.700		⑩11.500
B+15				⑤1.800	⑫10.100
C			⑥1.200		⑬10.700
합계	2.600		1.900		

계산방법

- 측점 A~측점 B까지의 기계고는 ⑦+① = ⑧
- 측점 A+10의 표고는 ⑧-② = ⑨
- 측점 B의 표고는 ⑧-③ = ⑩
- 측점 B~C까지의 기계고는 ⑩-④ = ⑪

- 측점 B+15의 표고는 ⑪−⑤ = ⑫
- 측점 C의 표고는 ⑪−⑥ = ⑬

검산방법

후시의 합계−전시(이기점)의 합계 = C점의 표고−A점의 표고

2.600 − 1.900 = 10.700 − 10.000 = 0.700m(OK)

5.7 수준측량에 따른 오차

5.7.1 기계오차

그림 5−18에 나타낸 시준선(시준축)이 기포관축과 평행이 아닌 것으로 인하여 생기는 오차를 시준축 오차라 한다. 시준축의 오차(ε)는 시준거리를 같게 함으로써 소거할 수 있다.

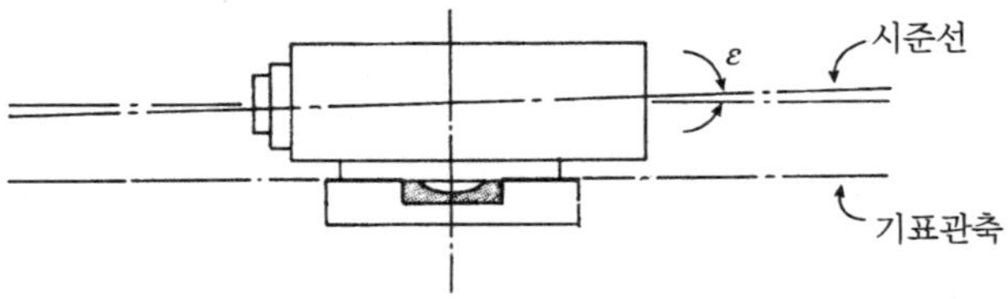

그림 5−18

지금 그림 5−19에 나타낸 것과 같이 레벨에 시준축 오차가 있어 시준선이 ε만큼 기울어지는 경우에 대하여 생각해 보자.

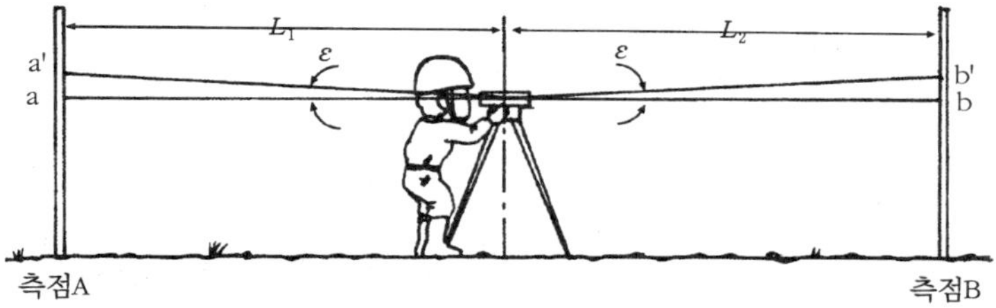

그림 5-19

그림 5-19에 있어서, 수평의 경우의 각 측점의 읽기를 a, b로 하고, 기울어져 있을 경우의 읽기를 a′, b′ 로 하면, 측점A와 측점 B의 고저차 h는 다음 식으로 나타낼 수 있다.

$$\begin{aligned} h &= a' - b' \\ &= (a + L_1 \cdot \tan) - (b + L_2 \cdot \tan\varepsilon) \\ &= (a - b) + (L_1 - L_2)\cdot\tan\varepsilon \end{aligned} \qquad (5-1)$$

(5-1)식에 있어서 레벨에서의 각 측점까지의 시준거리 (L_1, L_2)를 같게 하는 ($L_1 = L_2$)와 고저차 $h = a - b$가 된다.

5.7.2 표척의 영점 눈금에 의한 오차

표고의 밑면이 사용하는 동안 닳아 줄어들고, 0점 눈금이 정확하지 않기 때문에 생기는 오차이다. 이 오차를 소거하기 위해서는 그림 5-20과 같이 표고의 사용법을 쓰면 된다.

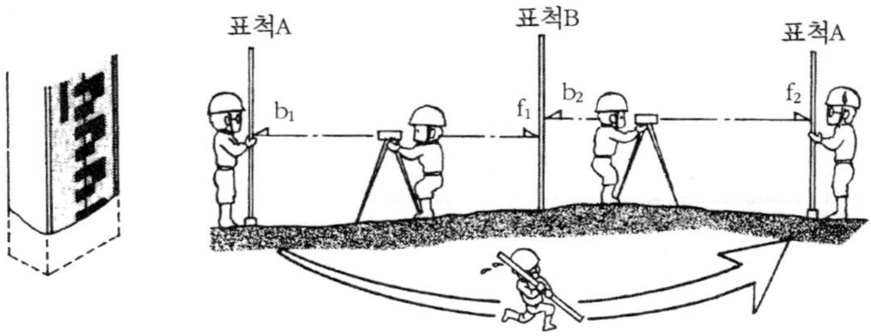

그림 5-20 달아 줄어든 표척을 사용한 경우의 작업순서

즉 2개의 표척을 사용하는 경우에는 상호 표척을 사용하고, 제1번째의 점에 세운 표척을 최후의 점에도 사용하도록 하고 기계의 설치횟수를 우수회로 하면, 이 오차는 소거된다.

그림 5-20에 있어서, 표척A 및 B의 밑면이 달아 줄어든 0점 눈금이 정확하지 않은 경우, e1, e2를 각 표척의 0점 오차로 하면, 다음 식에 나타낸 것과 같이 e1, e2는 각각 소거되는 것이 된다.

$$\begin{aligned}\text{2점간의 고저차} &= (b_1 + e_1) - (f_1 + e_2) + (b_2 + e_2) - (f_2 + e_2) \\ &= b_1 - f_1 + b_2 - f_2 = (b_1 + b_2) - (f_1 + f_2) \\ &= \text{후시의 합계} - \text{전시의 합계}\end{aligned}$$

5.7.3 표척의 기울기에 의한 오차

그림 5-21과 같이 측점에 세운 표척이 경사진 경우에 생기는 오차이며, 표척의 읽기는 항상 옳은 값보다 크게 된다. 이 경사에 의한 보정량은 다음 식으로 나타낼 수 있다.

$$E \fallingdotseq d^2/(2 \cdot h)$$

다만,

E : 경사에 의한 보정량

d : 경사진 양

h : 경사진 표척의 읽기

따라서 바른 값 H는, $H = h - E$

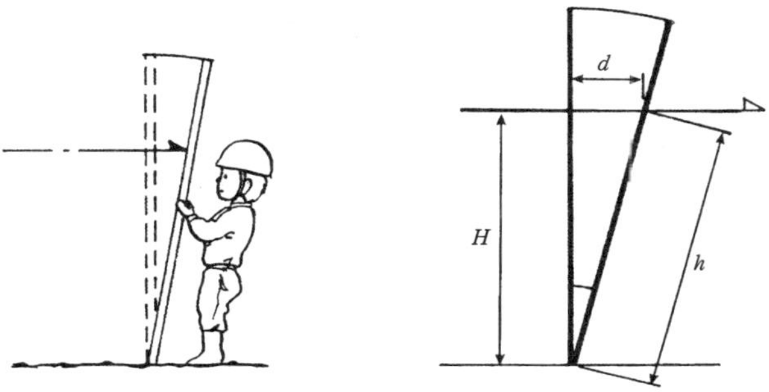

그림 5-21 표척의 경사에 의한 오차

5.8 오차의 보정방법

5.8.1 허용수준오차

수준측량의 오차를 나타내는 방법은 다음 4종류로 나누어진다.

① 2점간을 왕복했을 경우의 오차로서 왕복차, 만난 점의 차, 또는 교차라고 한다.

② 표고가 기지의 점으로부터 다른 기지점과 연결되었을 경우의 오차

③ 어떤 1점으로부터 출발하여 그 점에 폐합했을 경우의 오차(폐합차, 환폐합이라고도 한다)

④ 1점의 표고를 2개 이상의 기지점으로부터 구했을 경우의 오차

수준측량에 있어서 허용오차는 표 5-3과 같다.

표 5-3 수준측량에 있어서의 허용오차 단위(mm)

구분	왕복차	환폐합	기지점으로부터 기지점까지의 폐합차
1급 수준측량	$2.5\sqrt{L}$	$2\sqrt{L}$	$3\sqrt{L}$
2급 수준측량	$5\sqrt{L}$	$5\sqrt{L}$	$6\sqrt{L}$
3급 수준측량	$10\sqrt{L}$	$10\sqrt{L}$	$12\sqrt{L}$
4급 수준측량	$20\sqrt{L}$	$20\sqrt{L}$	$25\sqrt{L}$
간이 수준측량	–	$40\sqrt{L}$	$50\sqrt{L}$

(주) L은 측량거리(편도) : 단위는 km

5.8.2 왕복수준측량

그림 5-22에 나타낸 것과 같이 왕복 수준측량을 하고 왕복차가 허용값 이내에 있으면 각 점의 왕복 지반고의 평균값을 취한다. 그러나 왕복차가 허용값 이내의 경우에는 다시 측정해야 한다.

다만, 각 측점의 거리는 40m 정도가 된다.

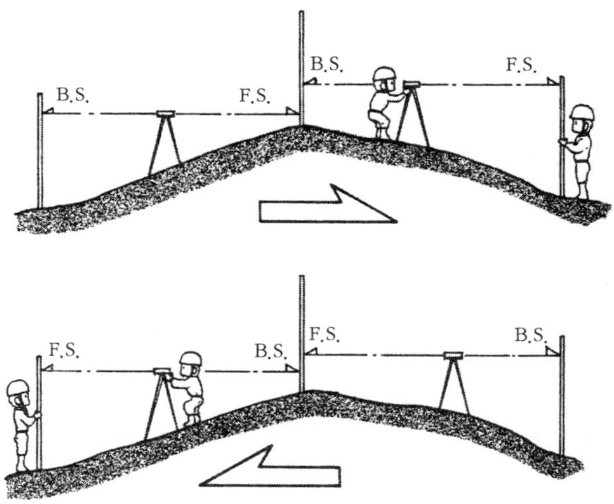

그림 5-22 왕복수준측량

(1) 측정결과

지금 80m의 거리를 40m마다 왕복 수준측량을 한 결과를 표 5−4, 표 5−5에 나타낸다.

표 5−4 왕로의 수준측량 결과 예 단위(m)

측점	표척 읽기		후시 − 전시=고저차		지반고
	후시(B.S)	전시(F.S)	승(+)	강(−)	
No.1	2.435				10.000
No.2	1.152	0.397	2.038		12.038
No.3		2.758		1.606	10.432
합계	3.587	3.155	2.038	1.606	

표 5−5 복로의 수준측량 결과 예 단위(m)

측점	표척 읽기		후시 − 전시=고저차		지반고
	후시(B.S)	전시(F.S)	승(+)	강(−)	
No.3′	2.555				10.429
No.2′	0.555	0.951	1.604		12.033
No.1′		2.588		2.033	10.000
합계	3.110	3.539	1.904	2.033	

(2) 수준오차

(왕로의 고저차)−(복로의 고저차) = (10.432−10.000)−(10.429−10.000)

= (0.432−0.429) = 0.003m

(3) 허용수준오차(4급 수준측량)

$20\sqrt{0.08} = 5.7\text{mm}$

(4) 비교

허용수준오차(5.7mm) 〉 수준오차(3mm) ... 허용값 이내 OK

(5) 결정 지반고

각 측점의 결정 지반고는 왕복의 지반고의 평균값을 사용하여도 좋다.

단위(m)

측점	왕로 · 지반고	복로 · 지반고	결정지반고
No.1	10.000	10.000	10.000
No.2	12.038	12.033	12.036
No.3	10.432	10.429	10.431

5.8.3 폐합(환상)수준측량

그림 5−23에 나타낸 것과 같이, 출발점에서 많은 측점의 지반고를 측정하고 출발점에 폐합하는 수준측량을 폐합수준측량이라 한다. 수준측량인 '후시의 합계−전시의 합계' 의 차, 또는 '출발점의 지반고−폐합시의 지반고' 의 차가 허용값 이내일 때는, 측정거리에 비례하여 조정량을 구하며, 측정지반고에 분배한 조정지반고를 구한다.

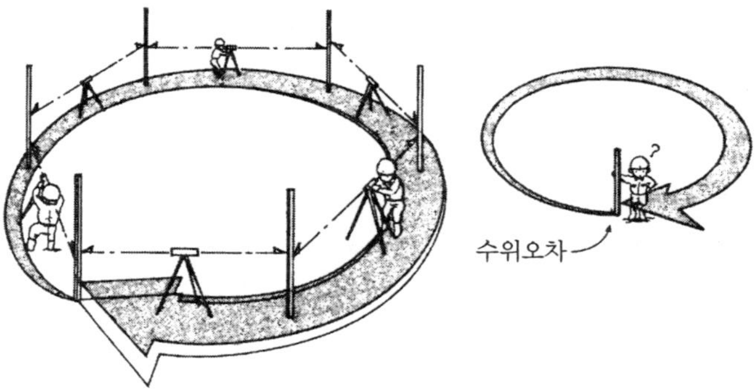

그림 5−23 폐합수준측량

(1) 측정결과

지금 120m의 거리를 20m마다 폐합수준측량한 결과를 표 5-6에 나타낸다.

표 5-6 조정지반고 단위(m)

측점	거리	후시(B.S)	전시(F.S)	지반고
No.1	20.000	1.022		10.000
No.2	20.000	1.417	0.623	10.339
No.3	20.000	1.948	1.223	10.593
No.4	20.000	1.225	1.114	11.427
No.5	20.000	1.534	2.286	10.366
No.6	20.000	1.536	1.683	10.217
No.1′			1.750	10.003
합계	120.000	8.682	8.679	

(2) 수준오차

수준측량= 후시의 합계−전시의 합계

= 8.682 − 8.679 = 0.003 (0이어야 한다)

(3) 허용수준오차

이 수준측량을 3급수준측량이라 하면,

$$10\sqrt{L} = 10\times\sqrt{0.12} = 3.46\,\text{mm}$$

(4) 비교

허용수준측량(0.00346m) 〉 수준오차(0.003m)

따라서 허용값 이내이어야 한다.

(5) 조정 지반고

조정량= 수준오차×각 측점까지의 누가거리 / 거리의 합계위 식에 의하여 조정한 각 측점의 지반고를 표 5−7에 나타낸다.

표 5−7 조정지반고 단위(m)

측점	계산	조정량	조정지반고
No.1			10.000
No.2	0.003×20/120	0.001	10.398
No.3	0.003×40/120	0.001	10.592
No.4	0.003×60/120	0.002	12.425
No.5	0.003×80/120	0.002	11.364
No.6	0.003×100/120	0.003	11.214
No.1′	0.003×120/120	0.003	10.000

트랜싯 측량

6.1 트랜싯 측량의 개요

트랜싯은 망원경을 사용하여 수평각 및 연직각의 측량을 하는 측량기계로써, 특히 수평각의 측정에 많이 사용된다. 이 트랜싯을 사용하는 측량을 트랜싯 측량이라 한다.

트랜싯측량은 트랜싯이 가진 정밀로 용도가 넓은 측정능력으로부터 평판측량에서는 어려운 광대한 지역의 측량이나 높은 정확도를 요구하는 측량에 쓰일 뿐 아니라, 다음 장에서 언급할 공사측량 등에도 많이 이용되어진다.

6.2 트랜싯과 세오돌라이트

원래 측량기계는 유럽에서 발달하였다. 각도를 측정하는 기계를 세오돌라이트(theodolite)라 하고, 측각의 정확도를 좋게 하기 위하여 망원경의 배율을 크게 하고 회전하지 않도록 하였다. 이에 비해 미국에서는 넓은 국토를 측량하는 것으로부터 정확도보다는 사용하기 편리하게 망원경의 위치를 높게 하고 회전하도록 하였다. 이 회전하는 것으로부터 트랜싯(transit : 회전하다)이라고 부르게 되었다.

현재는 어느 망원경이든 회전하기 때문에 눈금읽기 방식으로부터 구분되었고, 이를 측량기계 제작사 등에서는 눈금읽기 정밀도에 있어 비교적 세밀한 읽기를 하는 것을 트랜싯이라고 부른다. 이 점에서 보면, 현재 각도의 측정에 사용되어진 많은 기계는 세오돌라이트이지만, 일반적으로는 트랜싯이라고 총칭되고 있다.

6.3 트랜싯의 구조

6.3.1 전체구조

트랜싯과 그 구조를 그림 6−1에 나타내었다. 트랜싯은 크게 분류하면 각도를 정밀히 측정하기 위한 장치와 기계를 정확히 설치하기 위한 장치로 구성되어 있다.

각 부의 명칭

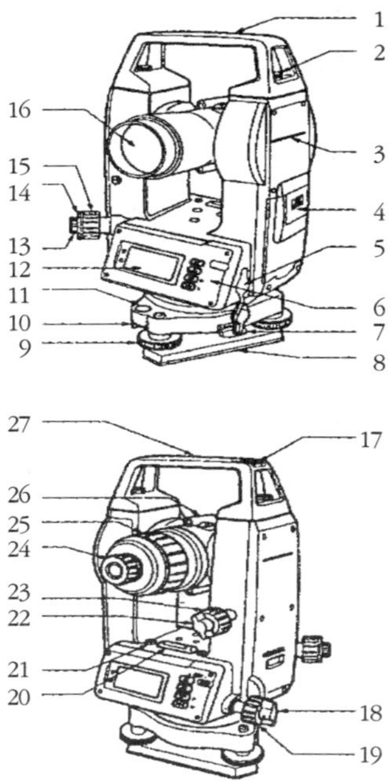

1. 핸들
2. 핸들 부착 나사
3. 기계고 마크
4. 배터리 커버
5. 데이터 출력 커넥터(DT600/DT600S 제외)
6. 조작 키보드
7. 탈착 레버
8. 밑판
9. 정준 나사
10. 원형기포관 조정나사
11. 원형 기포관
12. 표시기
13. 광학 구심경
14. 광학 구심 초점 커버
15. 광학 구심 초점 손잡이
16. 대물렌즈
17. 봉형 나침 부착 슬롯
18. 수평 고정나사
19. 수평 미동나사
20. 횡기포관
21. 횡기포관 조정나사
22. 망원경 고정나사
23 망원경 미동나사
24. 망원경 접안렌즈
25. 초점 손잡이
26. 조준경
27. 기계중심 마크

그림 6−1 트랜싯 구조

(1) 망원경

망원경의 구조는 그림 6-2와 같다. 망원경은 수평축에 직각으로 부착되어 있다. 대물렌즈는 2장 이상의 합성렌즈로 되어 있고 초점거리는 200mm 정도이며, 배율은 20~30배 정도인 것이 많다. 기구는 레벨과 거의 같으며 십자선도 그림 6-3과 같이 스타디아선(stadia line)이 새겨져 있다.

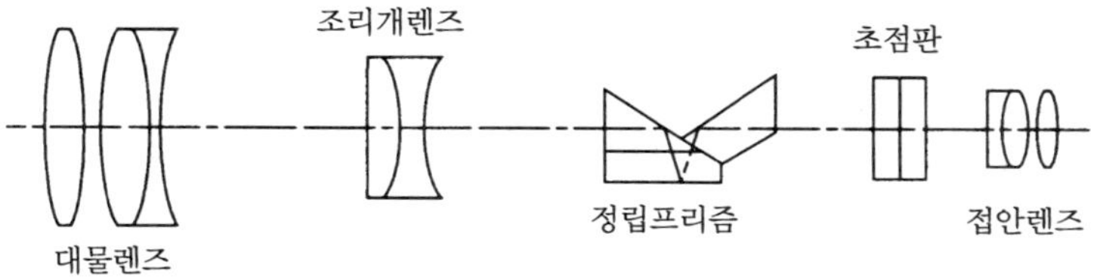

그림 6-2 망원경의 구조

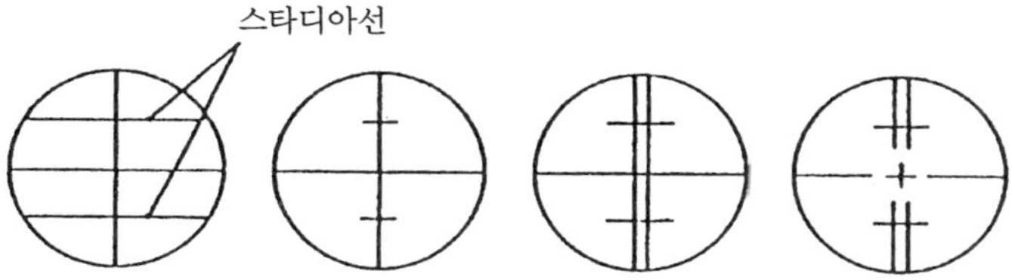

그림 6-3 십자선의 종류

(2) 구심장치

구심을 위한 장치로서 삼각을 고정한 상태로 평행하반상 또는 삼각두부상에서 트랜싯의 연직축을 이동시킬 수 있어 지상의 측점과 일치시키는데 사용한다.

(3) 기포관

정준할 때 이용되는 것이 기포관으로서 내면이 원호로 된 유리관에 알코올과 에테르의 혼합액을 봉입한 것으로 수평을 검출할 수 있다. 그림 6-4에 나타낸 것과 같이 형상으로부터 원형 기포관과 봉상(棒狀) 기포관이 있으며, 트랜싯에서는 놓는 곳에 따라 종기포관, 횡기포관, 망원경기포관이 있다.

그림 6-4 기포관

(4) 정준장치

다른 관측기계와 같이 트랜싯 본체의 연직축을 연직으로 하기 위한 것으로 3개의 정준 나사에 의해 삼각두부에 보호 지지된다.

(5) 분도반(눈금반)

분도반에는 수평각의 측정하는 수평눈금반과 연직각을 측정하는 연직눈금반이 있으며, 버니어나 마이크로미터에 의하여 초단위까지 읽을 수 있다. 눈금의 구성방법은 그림 6-5와 같은 종류가 있고 (a), (b)는 수평눈금에 쓰이고 (c), (d)는 연직눈금에 쓰인다.

또 최근에는 그림 6-6과 같은 디지털 표시되는 것이 널리 보급되고 있다. 이것을 사용함으로써 버니어나 마이크로미터와 같은 눈금을 맞추는 조작 없이 관측값을 직접 읽을 수 있다.

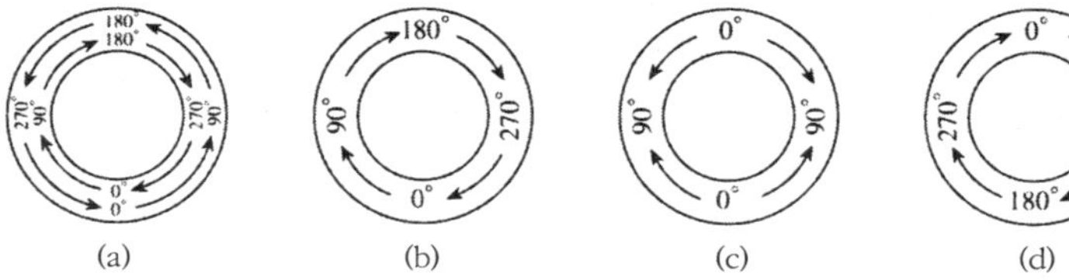

그림 6-5 눈금반 눈금분의 종류

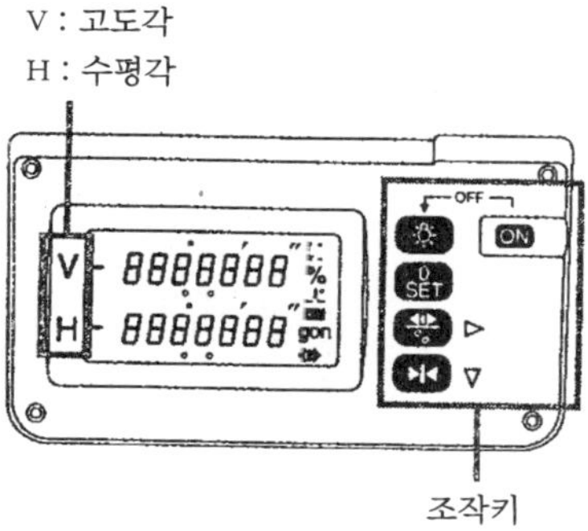

● 화면표시

: 고도각 ±90°
% : % 고도각
: 경사 보정(기계 Option 변환 참조)
: 배터리 표시(배터리 용량 부족시 표시
gon : gon 각도 단위
: 수평각의 우회각
: 수평각의 좌회각
: 수평각 고정

● 키보드 조작

ON : 전원 ON
ON : 전원 OFF
: 수평각 선택 모드/고도각 선택 모드
: 조명키
: 수평각 0 set(2점간의 수평각 측정시)
: 수평각의 고정 및 해지

그림 6-6 디지털식 트랜싯(전자 세오돌라이트)와 그 눈금

6.3.2 망원경의 정위와 반위

일반적으로 트랜싯에서 시준할 때 망원경이 연직 눈금반(그림 6-1에서는 고도 눈금반)의 오른 쪽에 있는 상태를 망원경의 정위라고 한다. 이것과는 반대로 망원경을 수평축에 대하여 180° 회전시켜 망원경의 상하를 역으로 한 상태를 망원경의 반위라고 한다. 그림 6-7에 정위와 반위를 나타낸다.

망원경이 연직 눈금반(고도 눈금반)의 오른쪽(right) : 정위 r

망원경이 연직 눈금반(고도 눈금반)의 왼쪽(left) : 반위 l(그림 6-1 참조)

또 망원경을 정위에서 반위로, 또는 반위에서 정위로 되돌리는 조작을 반전이라 한다.

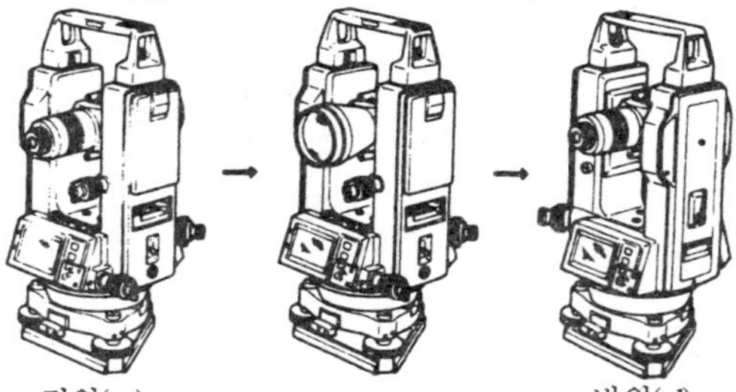

그림 6-7 망원경의 정위와 반위

이 조작은 트랜싯이 가지는 기계오차를 제거하기 위하여 쓰이는 방법으로서, 정위, 반위의 평균으로부터 각도를 구한다.

6.3.3 상부운동 · 하부운동

하부고정 너트를 잠그면 수평눈금반이 고장된다. 이 상태에서 상부고정나사와 상부미동나사의 조작에 의하여 상부(상반)를 수평회전 시키면 수평눈금의 표시를 변화할 수 있다. 이 움직임을 상부운동이라 한다.

이것에 대해서 상부고정나사를 잠근 상태로 하부고정나사와 하부미동나사를 조작하여 상부(상반) · 하부(하반)를 함께 하부회전 시키는 것을 하부운동이라 한다. 이 때 상부(상반) · 하부(하반)는 함께 회전하므로 수평눈금의 표시는 변화하지 않는다(그림 6-1 참조).

이 조작을 하는 것으로부터, 수평눈금반의 눈금이 다른 부분을 사용하여 각도를 측정할 수 있으므로, 보다 정확도가 높은 측정을 할 수 있다(6.7절 수평각의 측정을 참조).

다만, 현재 사용되는 디지털식 트랜싯에서는 각도를 전자적으로 측정하므로, 하부고정나사는 붙어 있지 않고 이 조작을 하지 않아도 좋은 기구로 되어 있다.

6.4 각도 읽는 장치

6.4.1 버니어(부척)

눈금은 일정한도 이상 세세하게 붙이는 것이 가능하지 않기 때문에 이 이상은 눈금분량으로 읽는 것이 된다. 이 최소눈금 이하를 더욱 정확하게 읽는 방법으로 1631년에 프랑스의 비에르·버니어가 부척을 주척에 나란히 하는 방법을 고안하였다. 이 부척을 고안자의 이름으로 부른다.

6.4.2 트랜싯의 버니어

트랜싯의 눈금반에 부착된 각도 눈금용의 버니어도 원리는 같으나 실제로 읽을 때는 다소 주의하지 않으면 오독할 우려가 있다.

트랜싯의 눈금반은 그림 6-8과 같은 것이 많으며, 이 눈금반에서는 주척의 1° (60′)가 3등분되어 있으며 20′까지 읽을 수 있다.

다음으로 버니어의 눈금은 0을 경계로 좌우 20간격으로 되어 있고, 이것이 주척의 최소눈금 20′ 이 20등분되어 있으므로 1′까지 읽을 수 있다. 또 버니어의 1′ (60″)이 3등분되어 있으므로 최종적으로는 20″ 까지 읽는 것이 된다.

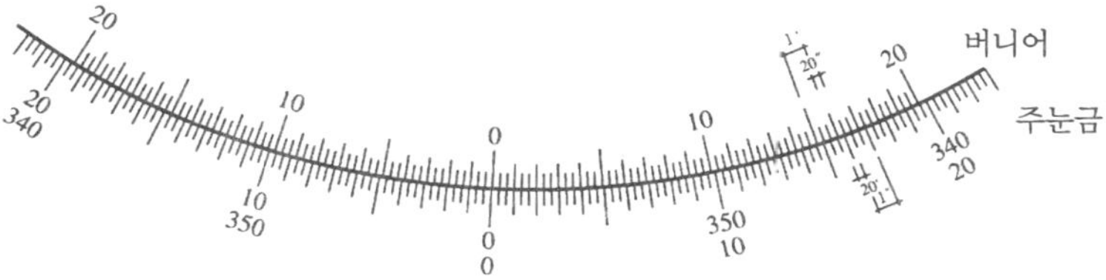

그림 6-8 트랜싯의 버니어

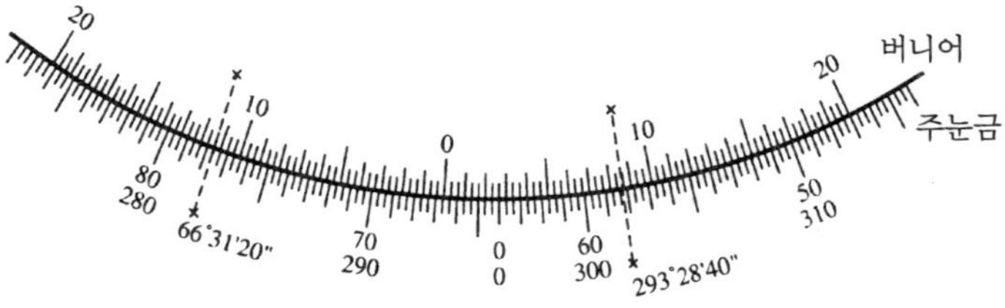

그림 6-9 버니어 읽기 예

측각은 오른쪽으로도 왼쪽으로도 가능하므로 버니어의 눈금은 0을 중심으로 좌우에 눈금이 있는 것이 보통이며, 이와 같은 버니어를 복버니어라 한다.

그림 6-9는 버니어의 읽기 예를 나타낸 것으로, 버니어의 0의 눈금은 오른쪽 회전에서는 주척의 66° 20′ 을 넘어 있고 왼쪽 회전에서는 293° 20′ 을 넘어 있다. 또 버니어의 눈금과 주척의 눈금선이 일치해 있는 버니어의 눈금은 오른쪽 회전에서 11′ 20″ , 왼쪽 회전으로 8′ 40″ 이다. 즉 이 때의 읽기는,

오른쪽 회전 측각에서는 66° 20′ + 11′ 20″ = 66° 31′ 20″

왼쪽 회전 측각에서는 293° 20′ + 08′ 40″ = 293° 28′ 40″ 이다.

6.4.3 마이크로미터

마이크로미터는 미소한 각도를 직접 읽는 것이 가능한 각도독정장치로서, 마이크로미터 손잡이(마이크로 핸들)를 조작하여 읽는다.

마이크로미터 접안렌즈를 통해 보면 그림 6-10과 같은 눈금으로 되어 있다. 이 때 H는 수평눈금, V는 수직눈금, M은 마이크로미터 눈금을 나타내며, 마이크로미터 눈금은 수평·수직눈금에 공통으로 사용된다.

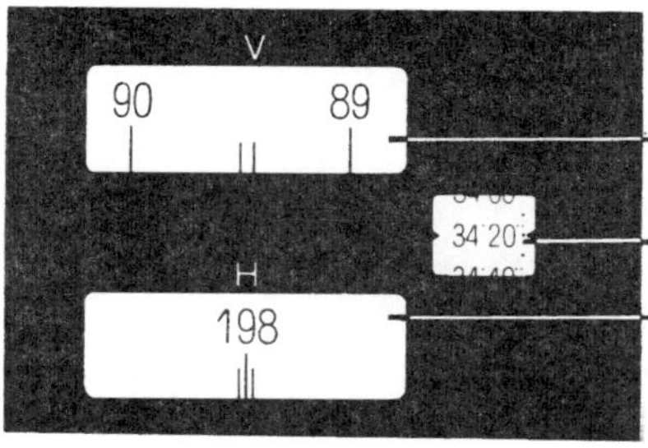

그림 6-10 마이크로미터 눈금

6.4.4 마이크로미터의 읽는 법

마이크로미터에 의한 각도의 읽기는 다음과 같은 순서로 한다.

① 채광반사경을 열어 눈금이 밝게 보이도록 마이크로미터 접안렌즈를 통하여 눈금이 읽힐 수 있도록 조준나사로 초점을 맞춘다.

② 그림 6−11(a)에 있어서 H눈금이 읽기선의 204° 와 205° 사이에 있으므로, 마이크로미터 손잡이를 돌려서 H눈금을 오른쪽 또는 왼쪽으로 이동시켜 204° 또는 205° 의 눈금선을 읽기선의 중앙으로 유도한다.

③ 그림 6−11(b)와 같이 205° 의 눈금선을 읽기선 중앙으로 유도되도록 하였으므로, H눈금으로 205° 를 읽고, M눈금의 읽기 03′ 40″ 을 더한 205° 03′ 40″ 가 수평각으로 된다.

205° + 03′ 40″ = 205° 03′ 40″

④ 연직각의 읽기는 그림 6−11(c), (d)의 V눈금을 같은 조작을 하고 읽기 81° 43′ 20″ 로 된다.

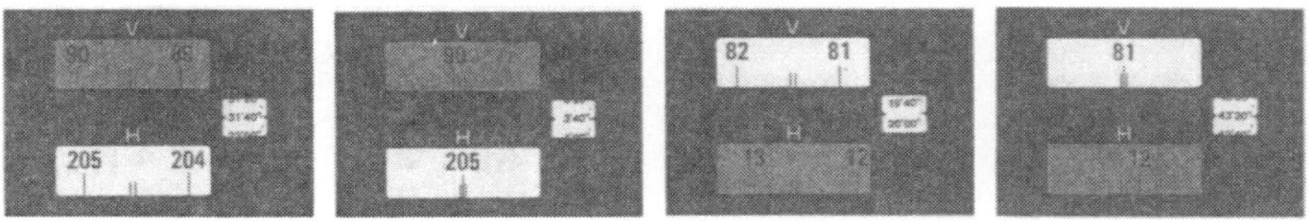

(a) (b) (c) (d)

그림 6-11 마이크로미터의 읽는 방법

6.5 트랜싯의 검사 · 조정

트랜싯은 정밀한 측량기계로서, 사용에 있어서는 올바른 상태에 있는지 확인할 필요가 있다. 이를 위한 검사 · 조정으로서 다음 조건을 만족해야 한다.

(1) 상반기포관의 조정 : 상반기포관과 트랜싯의 연직축이 수직으로 있을 것.

(2) 십자선의 조정

① 십자선이 트랜싯의 수평축에 수직인 평면일 것.

② 시준선이 트랜싯 수평축에 수직일 것.

③ 십자선의 교점이 트랜싯의 망원경축과 일치할 것.

(3) 지주의 조정 : 망원경의 수평축이 트랜싯의 연직축과 수평일 것

(4) 망원경 기포관의 조정 : 망원경 기포관과 시준선이 평행일 것.

(5) 연직 눈금반 버니어의 조정 : 망원기포관의 기포가 중앙에 있을 때, 연직눈금반의 주척 어미자의 0과 버니어의 0이 일치하고 있을 것.

6.6 트랜싯의 설치

트랜싯을 측점 위에 정확히 설치하기 위해서는 다음의 3가지 조건을 만족시킬 필요가 있다.

(1) 망원경을 시준하기 쉬운 높이로 하고 작업중에 트랜싯이 움직이지 않도록 안정시킨다.

(2) 트랜싯의 연직축이 바른 측점의 연직축상에 올 수 있도록 한다(구심).

(3) 트랜싯의 연직축을 바르게 연직으로 하고, 상반의 기포관을 어떤 방향으로 돌려도 기포의 위치가 중앙에서 벗어나지 않도록 한다(정준).

설치의 작업순서

(1) 삼각대의 거치

가능한 한 수평으로 설치하고 그림 6-12와 같이 추심이 측점 중심으로부터 1cm 이내가 되도록 한다.

(2) 구심

트랜싯의 연직축과 측점 중심을 합치시킴으로써 그림 6-13(a)에 나타낸 것과 같이 구심(위심)장치 등을 사용하여 추심의 끝단을 측점중심으로 유도하며, 광학수구가 붙어 있는 것은 그림 6-13(b)와 같이 광학수구에 ◎표시를 측점중심에 맞추어서 고정한다.

(3) 정준

트랜싯을 수평으로 설치함으로써 그림 6-14와 같이 정준나사에 의하여 기포관의 기포를 중앙으로 유도하고 기포관을 어떤 방향으로 돌려도 기포의 위치가 중앙으로부터 벗어나지 않도록 한다.

또 정준과 구심은 동시에 만족시키는 것이 좋으며, 정준의 조작에 오류가 생길 때에는 구심 및 정준의 조작을 재조정해야 한다.

(4) 시준

트랜싯에 있어서의 시준은 목표물을 십자선 교점에 맞힘으로써 다음을 주의할 필요가 있다.

① 시도의 조정 : 십자선을 확실하게 한다.

② 경외시준 : 목표물을 망원경의 시야 내에 넣는다.

③ 초준 : 목표물이 확실하게 보이도록 선명도를 맞춘다.

④ 경내시준 : 미동나사로 목표물을 십자선 교점에 맞춘다.

그림 6-12 삼각대 거치

(a) 추심에 의한 구심 (b) 광학수구에 의한 구심

그림 6-13 트랜싯의 구심

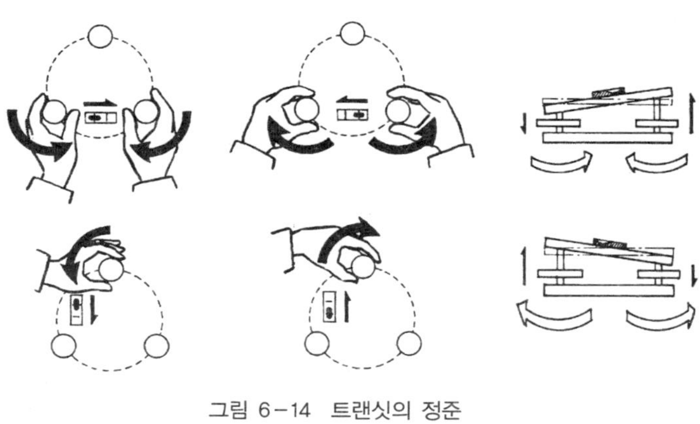

그림 6-14 트랜싯의 정준

6.7 수평각의 측정

트랜싯에 의한 수평각의 측정방법에는 다음 3가지 방법이 있다.

(1) 단측법 : 어떤 각을 1회 측정하고 그것을 측정값으로 하는 방법.

(2) 배각법 : 읽는 정확도를 올리기 위하여 어떤 각을 수평눈금반의 눈금이 다른 부분을 사용하여 2회 이상 반복 측정하고, 그 평균값을 측정값으로 하는 방법.

(3) 방향법 : 한 개의 측점 주위에 많은 각이 있을 경우, 한 개의 측선을 기준으로서 이것들의 각을 연속하여 측정하고 각각의 각의 측정값으로 하는 방법. 배각법에 비해서 작업시간이 단축되고 많은 목표를 시준하지 않으면 안 되는 때 등, 비교적 간단하고 상당히 정확도도 얻을 수 있다. 또한 그 결과 어느 목표에 대해서도 기본방향으로부터의 각도가 얻어지게 된다.

일반적인 각도측정은 단측법, 배각법, 방향법의 구분 없이 오른쪽 회전(시계방향)으로 측정하는 것이 보통이다.

6.7.1 단측법 작업순서

단측법을 그림 6−15에 나타내었다. 단측법의 작업순서는 다음과 같이 된다.

① O점에 트랜싯을 설치한다.

② 수평눈금을 0° 부근에 맞추어 측점 A를 시준하고, 이 때의 버니어를 읽어 초기 값으로 한다.

③ 상부고정나사를 풀어 오른쪽 방향으로 각도를 맞추고 측점 B를 시준하여 각도를 읽어 종값으로 한다.

④ 망원경을 반전시켜서 반위로부터 측점 B를 시준한다(초기값).

⑤ 상부운동으로부터 왼쪽방향으로 측점 A를 시준하여 눈금을 읽는다(종값).

측정각은

정위γ = 종값 − 초기값

반위 l = 초기값 − 종값으로 된다.

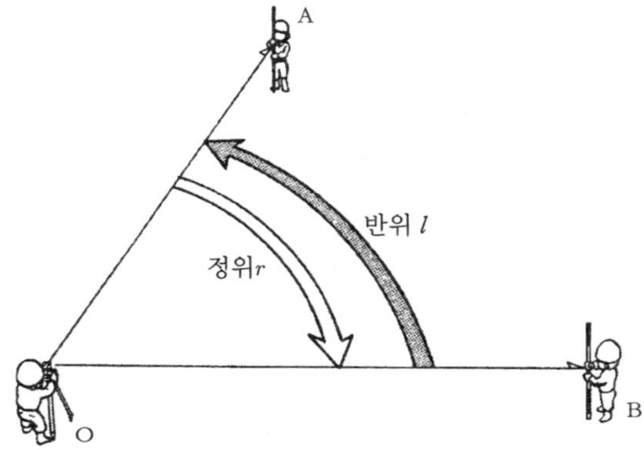

그림 6-15 단측법

단위법에 의한 야장의 기입 예는 표 6−1와 같다.

평균 각도는 정위의 측정각과 반위의 측정각의 평균이며, 이와 같이 망원경의 정위, 반위로 각도를 1회씩 측정하는 것을 1대각이라 한다.

표 6-1 단측법의 야장 기입 예

<table>
<tr><th>측점</th><th>망원경</th><th>시준점</th><th>관측각도</th><th>측정각도</th><th>평균각도</th><th>비고</th></tr>
<tr><td rowspan="4">O</td><td rowspan="2">정 r</td><td>A</td><td>0° 02′ 00″</td><td></td><td></td><td rowspan="4">O A B</td></tr>
<tr><td>B</td><td>43° 35′ 31″</td><td>43° 33′ 31″</td><td rowspan="2">43° 33′ 33″</td></tr>
<tr><td rowspan="2">빈 l</td><td>B</td><td>223° 36′ 00″</td><td>43° 33′ 35″</td></tr>
<tr><td>A</td><td>180° 02′ 25″</td><td></td><td></td></tr>
</table>

평균각도 43° 33′ 33″ = (43° 33′ 33″ + 43° 33′ 35″)/2

6.7.2 배각법 작업순서

배각법을 그림 6－16에 나타내었다. 배각법의 작업순서는 다음과 같이 된다.

① 트랜싯을 O점에 설치한다.

② 단측법과 동일하게 수평눈금을 0° 부근에 맞추어 측점 A를 시준하여 처음값(시작 값)을 읽는다.

③ 상부운동으로부터 오른쪽 회전으로 측점 B를 시준하고 배각수의 오차를 피하기 위하여 임시값을 야장의 비고란에 기입한다.

④ 하부운동으로부터 왼쪽 회전으로 측점 A를 시준한다. 이 때 수평눈금은 변하지 않는다.

⑤ 앞의 ③, ④의 조작을 배각횟수 반복하고, 최후에 측점 B를 시준할 때의 수평눈금의 읽기를 정위의 나중값(종값)으로 한다.

⑥ 망원경을 반전시켜서 동일한 반위로부터 필요 배각횟수의 측정을 한다. 측정각은,

정위의 경우 : n배각의 측정각 = (n배각의 나중값 － 처음값)

반위의 경우 : n배각의 측정각 = (n배각의 처음값 － 나중값)

으로 한다.

배각법에 의한 야장의 기입 예는 표 6－2와 같다.

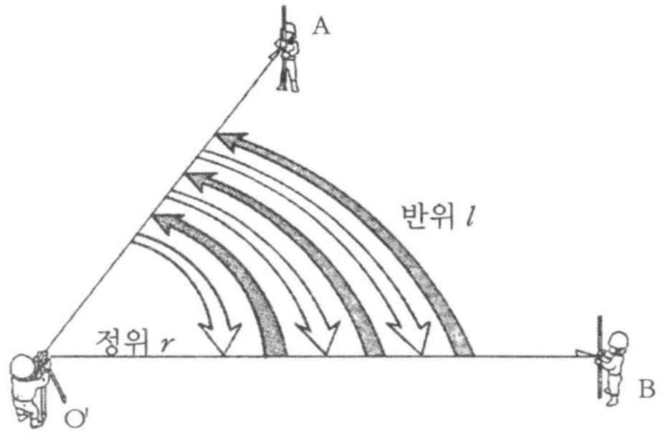

그림 6－16 배각법

표 6-2 배각법의 야장 기입 예

측점	망원경	시준점	배각수	관측각도	측정각도	평균각도	비고
O	정 r	A	3	0° 33′ 00″			임시값 O, A, B, 60℃
		B		180° 33′ 30″	180° 30′ 30″	60° 10′ 15″	
	반 l	B	3	3° 33′ 00″	180° 31′ 00″		
		A		183° 02′ 00″			

정위 r (180° 33′ 30″ − 0° 03′ 00″)/3 = 60° 09′ 10″

반위 l (처음값−나중값)이 부(−)값이 되는 것은 눈금이 360° 를 초고한 경우이므로, 360° 를 더하여 정(+)값으로 한다.

3° 33′ 00″ − 183° 02′ 00″ +360° = 180° 31′ 00″

180° 31′ 00″ / 3 = 60° 10′ 20″

평균각도(60° 19′ 10″ + 60° 10′ 20″) / 2 = 60° 10′ 15″

6.7.3 방향법의 작업순서

방위법은 그림 6−17과 같다. 방위법의 작업순서는 다음과 같다.

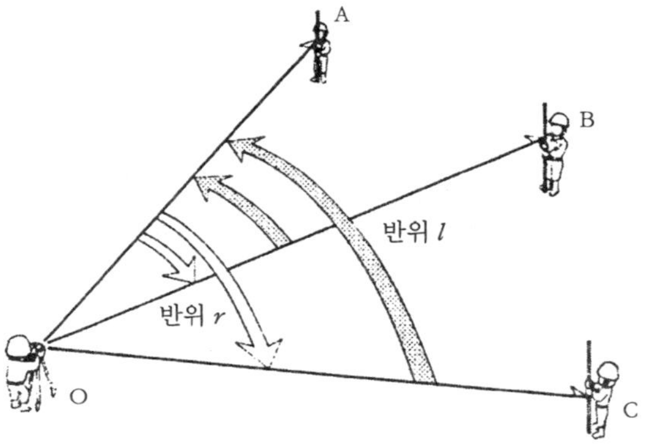

그림 6−17 방향법

① 트랜싯을 측점 O에 설치한다.

② 수평눈금을 0° 부근으로 하고 하부운동으로 측점 A를 시준하여 처음값을 취한다.

③ 하부운동으로부터 오른쪽 회전으로 측점 B, 측점 C를 시준하여 수평각을 읽는다.

④ 최종의 측점 C의 측정이 끝나면 망원경을 반위하여 먼저 최종측점 C를 상부운동으로 시준하여 처음값을 읽는다.

⑤ 이하 정위와 같은 방법으로 반위에서 왼쪽 회전으로 측점 B, 측점 A를 순차적으로 측정한다. 이것으로 1회 측점이 끝난다.

⑥ 2회, 3회의 경우도 동일한 방법으로 필요한 횟수만큼 측정을 한다.

6.7.4 방위각의 측정

방위각에는 그림 6-18에 나타낸 것과 같이 자침북을 기준으로 오른쪽 회전 측선까지의 수평각을 측정하는 자방위각과 진북을 기준으로 측정하는 진북방위각이 있다.

자침북은 진북(자오선)과는 일치하지 않으며, 자침편차가 있다. 이 자침편차는 시기나 지역에 따라 다르지만, 한국은 대개 5~9° 의 서편차가 있다.

건축측량에서는 상당히 넓은 지역의 측량을 대상으로 하지 않기 때문에, 자침북을 기준으로 한 방위각으로도 대신한다.

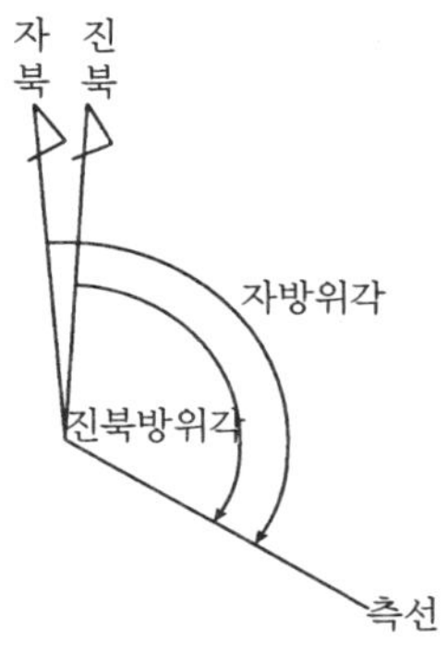

그림 6-18 방위각

6.8 연직각의 측정

트랜싯에 의한 연직각의 측정은 일반적으로 평각의 측정에서와 같은 정확도가 필요하지 않았다. 그러나 최근의 트랜싯의 성능 향상과 더불어 수평각과 동일하게 정확도로 측정할 수 있도록 되었고, 사거리와 연직각에서 수평거리이나 고저차를 구하는 것도 많아졌다.

연직각은 그림 6−19에 나타낸 것과 같이 연직각으로부터의 각도를 천정각 Z, 수평각으로부터의 각도를 고저각 α라 한다. 또 고저각에 있어서 수평선보다 윗면의 각도를 앙각(+)이라 하며, 아랫면의 각도를 부각(−)이라 한다.

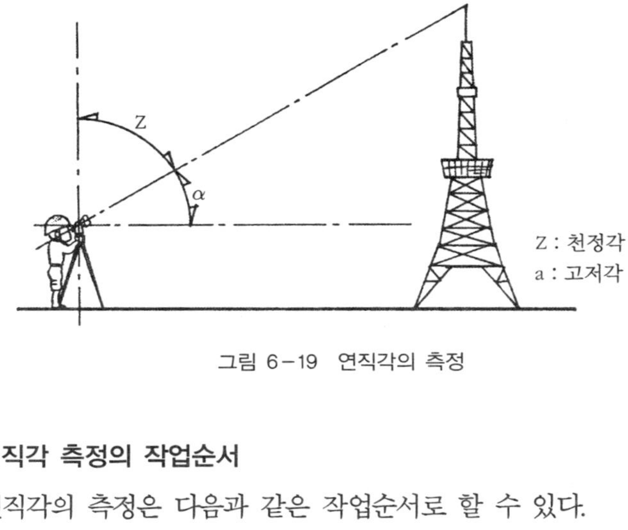

그림 6−19 연직각의 측정

연직각 측정의 작업순서

연직각의 측정은 다음과 같은 작업순서로 할 수 있다.

① 트랜싯을 측점 O에 설치한다.

② 수평회전에 의해 망원경을 측점 A에 향한다.

③ 측점 A를 시준하여 연직눈금을 읽는다.

6.9 측정각의 오차

트랜싯을 이용하여 각을 측정하는 경우에는 반드시 오차가 생긴다. 이 오차에는 트랜싯의 기계적 오차와 측정오차라는 것이 있다.

6.9.1 기계적 오차

기계적 오차는 개개의 트랜싯 기계 고유의 일정한 오차(정오차)이며, 다음과 같은 오차가 있다.

(1) 연직축 오차

상반기포관의 기포관축이 연직축과 직교하지 않기 때문에 생기는 오차이다. 연직축 오차가 생기면 그림 6-20과 같이 기계가 기울어져 설치되고 만다. 다만, 연직축 오차는 측각의 방법에서는 소거할 수 없으므로 상반기포관의 검사·조정을 반드시 해야 한다.

(2) 수평축 오차

그림 6-21과 같이 수평축과 연직축이 직교하지 않음으로써 생기는 오차이다. 수평축의 조정이 불완전하기 때문에 생기는 오차는, 정위·반위의 측정값의 평균을 취함으로써 소거할 수 있다.

(3) 시준축 오차

그림 6-22와 같이 시준선이 수평축과 직교하지 않기 때문에 생기는 오차이다. 십자선의 조정이 불완전하기 때문에 생기는 오차는 정위·반위의 측정값의 평균을 취함으로써 소거할 수 있다.

(4) 편심오차

수평눈금반의 회전축과 연직축이 일치하지 않기 때문에 생기는 오차이다. 정위·반위의 측정값의 평균을 취함으로써 소거할 수 있다.

(5) 외심오차

그림 6-23과 같이 시준선축이 연직축과 일치하지 않기 때문에 생기는 오차이다. 정위·반위의 측정값의 평균을 취함으로써 소거할 수 있다.

(6) 눈금반의 눈금오차

눈금반의 눈금이 새겨진 방법이 불균일하기 때문에 생기는 오차이다. 눈금반의 같은 위치를 사용하지 않고 읽기 위치를 늘어뜨려서 측정하는 것으로서 오차를 적게 할 수 있다.

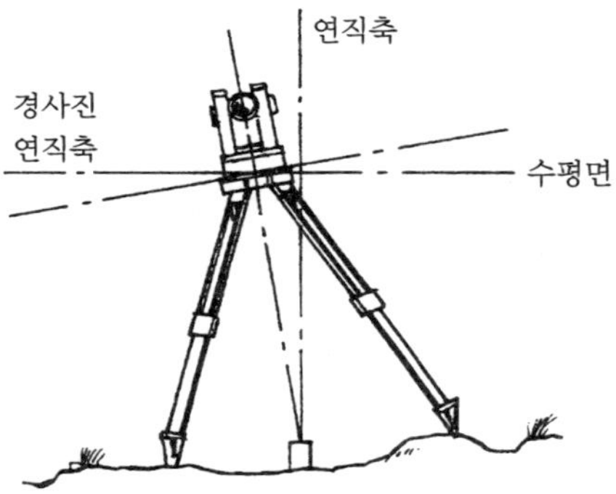

그림 6-20 연직축 오차

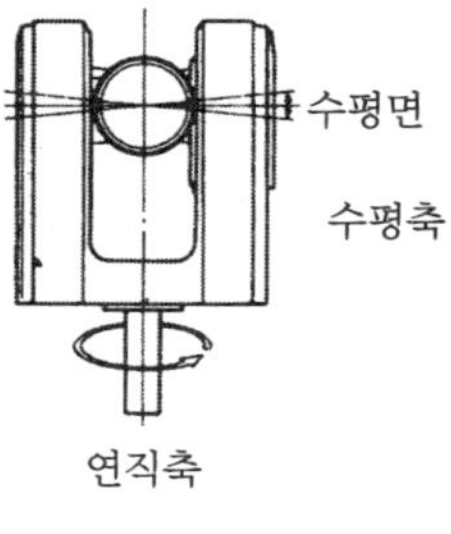

그림 6-21
수평축 오차

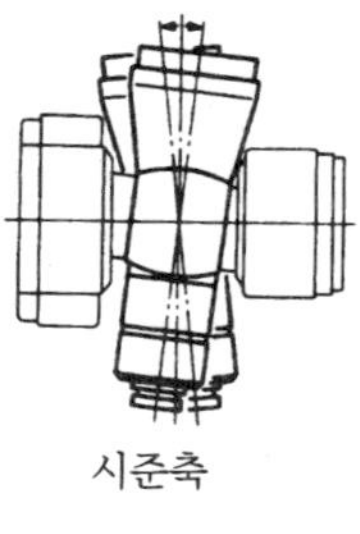

그림 6-22
시준축 오차

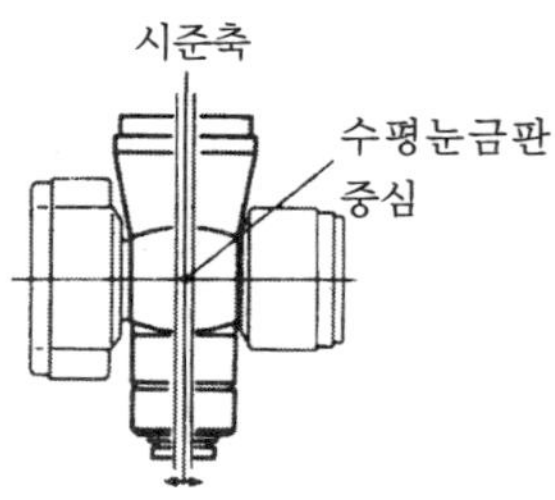

그림 6-23
외심오차

6.9.2 측정오차

측정오차에는 다음과 같은 것이 있으며, 이것들의 오차는 측정에 있어서 세심한 주의를 함으로써 가능한 한 적게 하는 것이 필요하다.

(1) 지반의 부동침하에 의한 오차

삼각의 기울기에 의한 오차이다. 삼각을 안정하게 설치하도록 한다.

(2) 설치(구심)오차

추 또는 광학수구와 측점이 맞지 않음으로써 생기는 오차이다. 구심에 있어서 추가 맞지 않을 경우 허용범위 내로 하지 않으면 안 된다.

(3) 시준오차

시준선과 목표물이 맞지 않아 생기는 오차이다. 망원경의 초점을 꼭 맞추어 시준하고 가능한 한 틀어지는 것을 적게 한다.

(4) 읽기오차

눈금을 읽을 때에 생기는 오차이다. 읽기의 확인 등을 하는 것을 방지할 필요가 있다.

(5) 자연현상에 의한 오차

빛의 굴절, 온도변화, 바람 등에 의해 생기는 오차이다. 측정시의 날씨, 시간, 측점의 장소 등을 고려하여 측정을 하며, 정밀한 측량에서는 이것들의 현상이 예상되는 날씨와 시간으로 측정은 피하는 것이 바람직하다.

그림 6-24 측정오차

6.10 트랜싯에 의한 트래버스 측량(골조측량)

트래버스 측량은 골조측량이라고도 말하며, 측량하려고 하는 구역 전체를 다루는데 필요한 측점을 정하여 순차측선을 연결하여 골조를 만들며 각 측점의 위치를 구하는 측량이다.

6.10.1 트래버스 측량의 종류

트래버스에는 그림 6-25에 나타낸 것과 같은 종류가 있다.

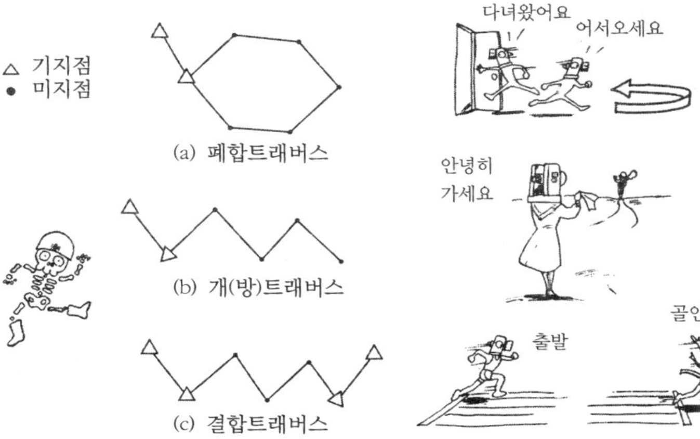

그림 6-25 트래버스의 종류

(1) 폐합트래버스

출발점에서 시작하여 최후의 출발점에 되돌아가는 측량이며, 다각형을 구성하는 트래버스이다. 정확도의 확인이 가능하며 건축에 있어서 트랜싯 측량으로 일반적으로 잘 쓰인다.

(2) 개(방)트래버스

출발점과 종점이 일치하지 않고, 종점의 좌표가 불명확하여 측량결과의 정확도의 확인을 할 수 없으므로 높은 정확도를 필요로 하지 않은 경우에만 사용된다.

(3) 결합트래버스

개방 트래버스 중 출발점과 종점을 알고 있는 점(기지점)을 연결하는 트래버스이다. 정확도 확인이 확실하게 할 수 있고 트랜싯 측량에서는 다른 트래버스와 비교하여 신뢰도가 높다.

6.10.2 답사 · 선점

측량을 시작하기 전에 측량을 완성시키는데 가장 효율적인 작업계획을 세우기 위해 측량구역 전체를 시찰하고 지형, 지질, 장애물의 유무, 땅 주인과의 관계, 기준점의 상태 등을 조사하는 것을 탐사라고 한다. 또 이 결과로부터 측점을 선택하는 것을 선점이라고 말한다.

선점의 결과는 측량의 작업이나 정확도에 큰 영향을 미치므로 다음과 같은 사항에 주의한다.

① 누적오차를 없애기 위하여 측점의 수는 되도록 적게 한다.

② 각 측점간의 거리는 가능한 한 같게 하고 또 고저차를 적게 한다 (측량구역 내에 균등하게 배치한다)

그림 6-26 답사 · 선점시의 주의

③ 측점 상호간의 관망이 좋고 장애물이나 교통에 방해되지 않게 측량할 수 있는 점으로 한다.

④ 세부측량에도 편리하게 이용할 수 있도록 노선, 건축물, 경계 등에 평행하게 취한다.

⑤ 측점은 기계를 설치하기 쉬운 지반의 견고한 곳을 택한다. 또 교

통 등에 보다 측점이 파손되지 않을 곳을 선택하고 장래에도 그 위치가 쉽게 찾을 수 있는 곳으로 한다.

6.10.3 거리측량

트래버스 측량이 정확도는 일반적으로 거리측량의 정확도에 지배되므로 거리의 측정은 특히 신중하게 해야 한다.

거리의 측정은 직접거리측량의 방법에 따르고 왕복측량을 하는 것이 보통이지만, 광파측거의 등에 의한 방법도 사용된다.

6.11 트래버스 측량에 있어서의 수평각 측정

수평각의 측정방법에는 교각법, 편각법, 방위각법의 3가지 방법이 있지만, 교각법이 가장 일반적으로 쓰인다.

6.11.1 교각법

교각법은 그림 6-27에 나타낸 것과 같이 각 측선이 앞의 측선과 생기는 각(교각)을 측정해 가는 방법이다.

개방트래버스에서는 좌우의 교각을 순서대로 재는 방법도 있지만, 틀리지 쉬우므로 보통은 그림 6-27(c)와 같이 한 쪽의 교각을 잰다.

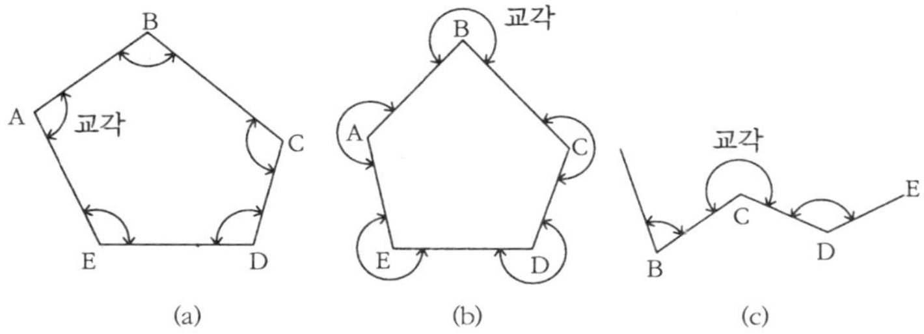

그림 6-27 교각법

6.11.2 편각법

편각법은 그림 6-28과 같이 측선이 바로 앞의 측선의 연장과 생기는 각을 편각이라 한다. 기준이 되는 최초의 측선 방위각과 각 측선에서의 편각을 재어 가는 방법이다. 편각은 (+), (-)의 부호를 붙여 연장선으로부터 오른쪽 방향으로 측정한 편각을 우편각이라 하고 (+)로 하며, 왼쪽방향으로 측정한 편각을 좌편각이라 하고 (-)로 한다.

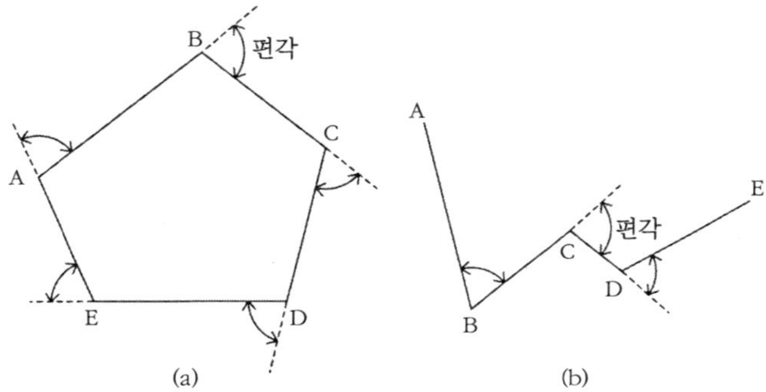

그림 6-28 편각법

6.11.3 방위각법

그림 6-29와 같이 진북 방향과 측선 간에 생기는 각(방위각)을 각 측점에서 측정한 방법이다. 한편, 앞에서 언급한 것과 같이 건축측량에서는 자북을 기준으로 방위각을 측정한다.

6.12 방위각 계산

6.12.1 교각법에 있어서의 방위각 계산

교각법에 있어서의 방위각은 조정된 내각을 같이 각 측선이 북(N)을 기준으로 하고 시계방향(오른쪽 방향)으로 몇 도가 되는지 계산한 것이다.

(1) 진행방향 우측의 교각을 측정한 경우

그림 6−30과 같이 진행방향 우측의 교각을 측정한 경우의 방위각은 다음 계산에 의해 구해진다.

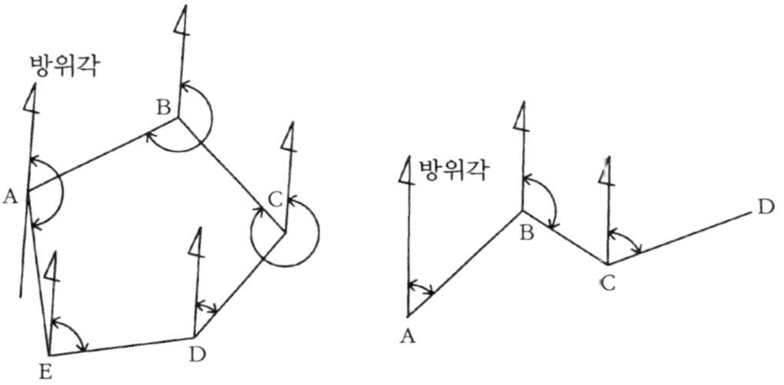

(a) (b)

그림 6-29 방위각법

α_A : 실측한 측선 AB의 방위각

β_A, β_B, β_C : 측정한 각 점의 교각(내각)

$$\alpha_A = \alpha_A + 180° - \beta_B \quad (6-1)$$

$$\alpha_C = \alpha_B + 180° - \beta_C \quad (6-2)$$

즉, 측선의 방위각 = 바로 앞의 방위각 + 180° − 그 점의 교각

다만, 360° 를 넘는 경우는 360° 를 뺀다.

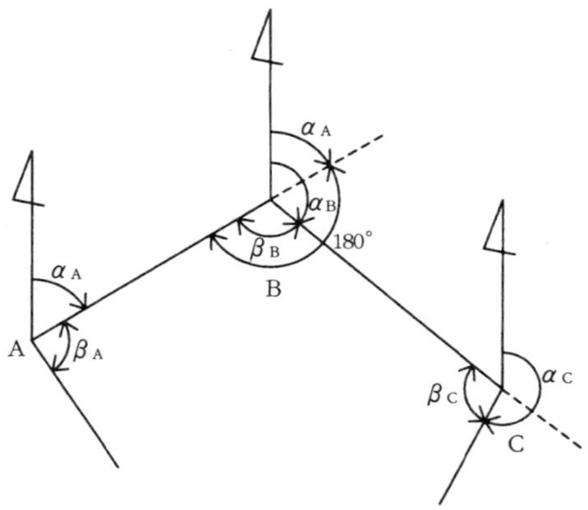

그림 6-30 진행방향 우측 교각을 측정한 경우

예제 6-1 | 그림 6-31에서의 방위각을 구하시오.

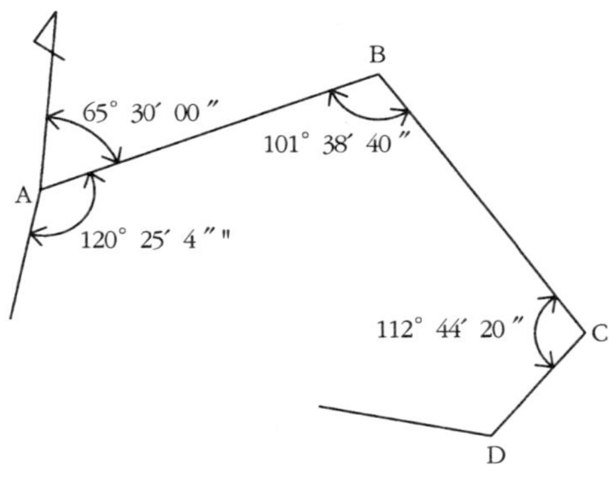

그림 6-31

측선 AB의 방위각 65° 30′ 00″

측선 BC의 방위각 65° 30′ 00″ + 180° − 101° 38′ 40″ = 143° 51′ 20″

측선 CD의 방위각 143° 51′ 20″ + 180° − 112° 44′ 20″ = 211° 07′ 00″

(2) 진행방향 좌측의 교각을 측정한 경우

그림 6-32와 같이 진행방향 좌측의 교각을 측정한 경우의 방위각은 다음 계산에 의해 구해진다.

α_A : 실측한 측선 AB의 방위각

β_A, β_B, β_C : 측정한 각 점의 교각(내각)

$$\alpha_B = \alpha_A + 180° - \beta_B - 360°$$
$$= \alpha_A + \beta_B - 180° \qquad (6-3)$$

즉 측선의 방위각 = 바로 앞의 방위각 + 그 점의 교각 − 180°

다만, 360° 를 넘는 경우는 360° 를 빼고 부(−) 값이 된 경우는 360° 를 더한다.

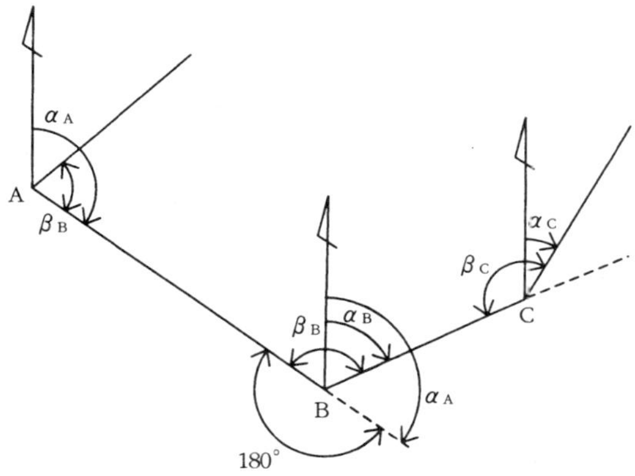

그림 6-32 진행방향 좌측의 교각을 측정한 경우

예제 6-2 | 그림 6-33에서의 방위각을 구하시오.

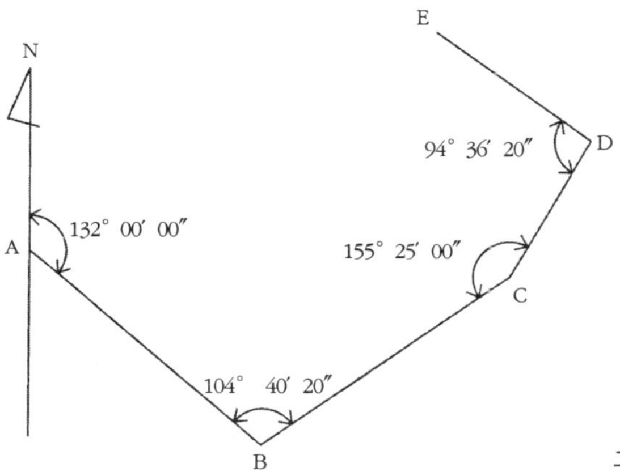

그림 6-33

측선 AB의 방위각 132° 00′ 00″

측선 BC의 방위각 132° 00′ 00″ ＋104° 40′ 20″ －180° ＝56° 40′ 20″

측선 CD의 방위각 56° 40′ 20″ ＋155° 25′ 00″ －180° ＝32° 05′ 20″

측선 DE의 방위각 32° 05′ 20″ ＋94° 36′ 20″ －180° ＝－53° 18′ 20″

(－)값이 되므로 －53° 18′ 20″ ＋360° 306° 41′ 40″

6.12.2 편각법에 있어서의 방위각 계산

그림 6−34와 같이 편각을 측정한 경우의 방위각은 다음 계산에 의해 구할 수 있다.

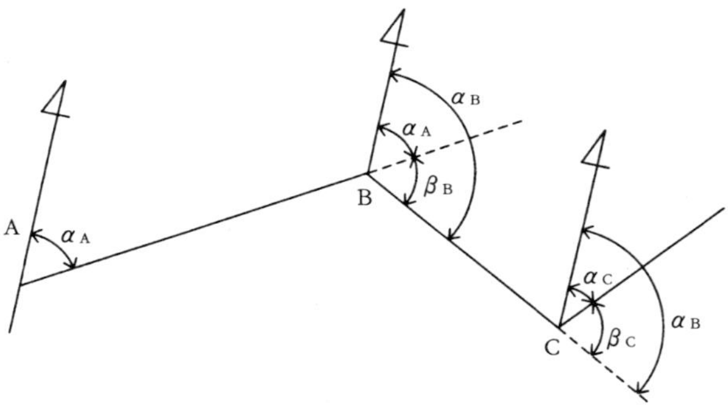

그림 6−34 편각을 측정한 경우의 방위각

α_A : 실측한 측선 AB의 방위각

β_B, β_C : 측정된 각 점의 편각

측점 B의 경우

$$\alpha_B = \alpha_A + \beta_B \tag{6−4}$$

즉, 측선의 방위각＝바로 앞의 측선의 방위각＋그 점의 편각

측점 C의 경우

$$\alpha_C = \alpha_B - \beta_C \tag{6−5}$$

즉, 측선의 방위각 = 바로 앞의 측선의 방위각 + 그 점의 편각

예제 6-3 | **그림 6-35에 있어서 방위각을 구하시오**

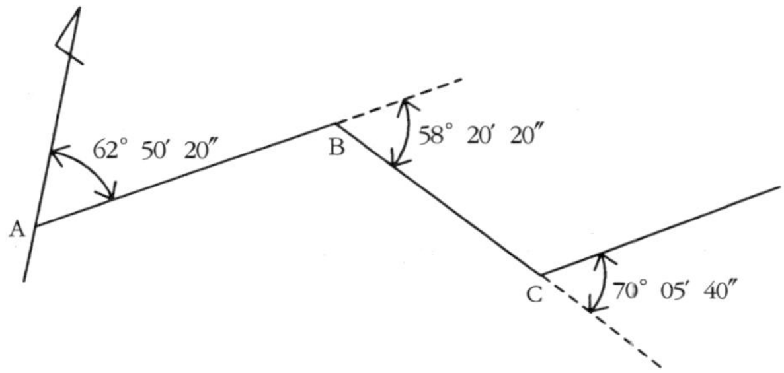

그림 6-35

측선 AB의 방위각 62° 50′ 20″

측선 BC의 방위각 62° 50′ 20″ + 58° 20′ 20″ = 121° 10′ 40″

측선 CD의 방위각 121° 10′ 40″ − 70° 5′ 40″ = 51° 5′ 40″

6.13 방위 계산

방위각은 북을 0° 로 하고 오른쪽 방향으로 360° 까지의 각으로 표시하지만, 방위는 수학의 좌표와는 다르며, 그림 6-36에 나타낸 것과 같이 남북(NS)선 및 동서(EW)선을 기준으로 취하여 4개의 사분면으로 나뉘며, 각각의 사분면내에서 북 · 남을 0° 로서 동 · 서까지의 90° 의 범위로 나타낸 측선의 방향을 표시한다.

표 6-3 방위각과 방위와의 관계

사분면	방위각	방위
I	0° ~ 90°	N방위각E
II	90° ~ 180°	S180° − 방위각E
III	180° ~ 270°	S방위각 − 180° W
IV	270° ~ 360°	N360° − 방위각W

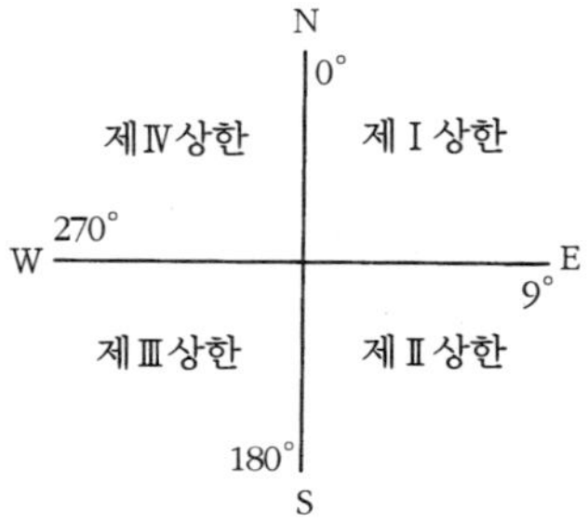

그림 6-36 방위

예제 6-4 | 그림 6-37의 방위각에서 방위를 구하시오.

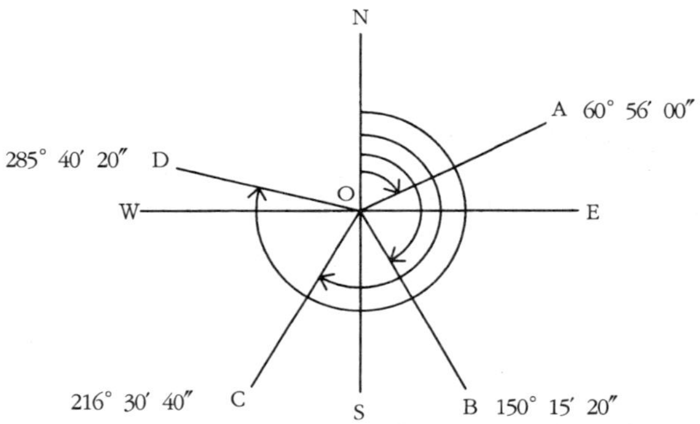

그림 6-37

측선 A의 방위 N 60° 56′ 00″ E

측선 B의 방위 180° − 150° 15′ 20″ = S 29° 44′ 40″ E

측선 C의 방위 216° 30′ 40″ − 180° = S 36° 30′ 40″ E

측선 D의 방위 360° − 285° 40′ 20″ = N 74° 19′ 40″ W

6.14 각오차 · 거리오차와 정확도

6.14.1 허용각오차

트래버스 측량에 있어서, 각 측정의 오차는 측선의 수의 평방근에 비례하는 것으로 생각된다. 이것으로부터 하나의 각에 대한 허용오차로서 n을 측선의 수라고 하면 측정각의 오차 E는 다음 식으로 나타내어진다.

$$E = \pm \ \varepsilon\sqrt{n} \tag{6-6}$$

표 6-4에 허용각오차의 일반적인 값을 나타낸다.

표 6-4 허용각 오차

지형	허용각 오차
산림	$90'' \sqrt{n}$
평지	$60'' \sqrt{n}$
시가지	$30'' \sqrt{n}$

6.14.2 각 오차와 거리 오차와의 정확도 관계

표 6-5에 각 오차와 거리 오차와의 정확도의 관계를 나타낸다.

표 6-5 각 오차와 거리 오차와의 정확도의 관계(단위 : m)

각 오차	5′	1′	30″	20″	10″	5″
거리 100m	0.1454	0.0291	0.0145	0.0097	0.0049	0.0024
정확도	1/688	1/3440	1/6880	1/10300	1/20600	1/41200

예를 들어, 측각의 오차가 1′ 라 할 때 100m 떨어진 지점에서는 거리의 오차가 0.0291m로 나타낸다. 또 이 때의 정확도는 아래와 같이

된다.

$$\frac{0.0291}{100} \fallingdotseq \frac{1}{3440}$$

일반적으로 트래버스 측량에서는 각 오차보다도 거리 오차의 경우가 발생하기 쉽다.

6.14.3 각도의 보정

폐합 트래버스로 내각을 측정한 경우, 다각형의 내각의 합은 변의 수를 n이라 하면,

$$(n-2) \times 180° \qquad (6-7)$$

이므로 각의 측정결과 생긴 오차가 허용각 오차의 범위 내에서 있으면, 각 각에 등분하여 배분한다.

또 폐합 트래버스로 편각을 측정한 경우, 편각의 총합은 360° 이므로 같은 오차를 배분한다.

예제 6-5 | **그림 6-38의 폐합 트래버스의 측정각을 조정하시오.**

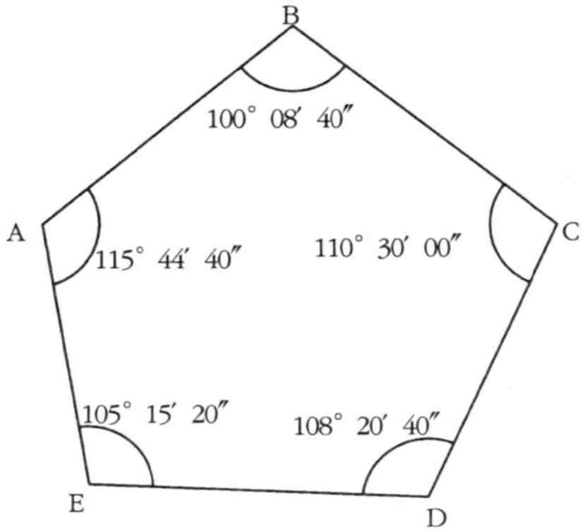

그림 6-38

측각오차 E = (교각의 합)−(n−2)×180°

$$E = 539°\ 59'\ 20'' - (5-2) \times 180° = -40''$$

허용각 오차는 $\varepsilon = 30''$ 로 한 경우 $30''\sqrt{5} \fallingdotseq 67.08''$ 로 되므로, 이대로 조정을 한다.

각 교각의 조정량은 $40'' \div 5 = 8''$

측점	관측각	조정량	조정각
A	115° 44′ 40″	+ 8″	115° 44′ 48″
B	100° 08′ 40″	+ 8″	100° 08′ 48″
C	110° 30′ 00″	+ 8″	110° 30′ 08″
D	108° 20′ 40″	+ 8″	108° 20′ 48″
E	105° 15′ 20″	+ 8″	105° 15′ 20″
계	539° 59′ 20″	+ 8″	540° 00′ 00″

6.15 위도 · 경도의 계산

그림 6−39와 같이 NS축 및 EW축으로부터 되는 직교좌표에 있어서, 측선 AB의 종축(NS축)에로의 투영을 측선 AB의 위도 L이라 하고, 측선 AB의 횡축(EW축)에로의 투영을 측선 AB의 경도 D라 한다.

방위 θ의 N과 S는 위도의 방향을 나타내고, E와 W는 경도의 방향을 나타낸다. 따라서 위도에서는 N으로 향하는 것을 (+), S로 향하는 것을 (−)로 하며, 경도에서는 E로 향하는 것을 (+), W로 향하는 것을 (−)로 한다.

어떤 측선 AB의 길이와 방위를 알고 있다면, 그 위도와 경도는 다음 식에서 구할 수 있다.

$$\text{측선 AB의 위도 L} = \text{AB} \cos\theta \qquad (6-8)$$

$$\text{측선 AB의 경도 D} = \text{AB} \sin\theta \qquad (6-9)$$

$$AB = \sqrt{L^2 + D^2} \quad (6-10)$$

$$\tan\theta = D/L \quad (6-11)$$

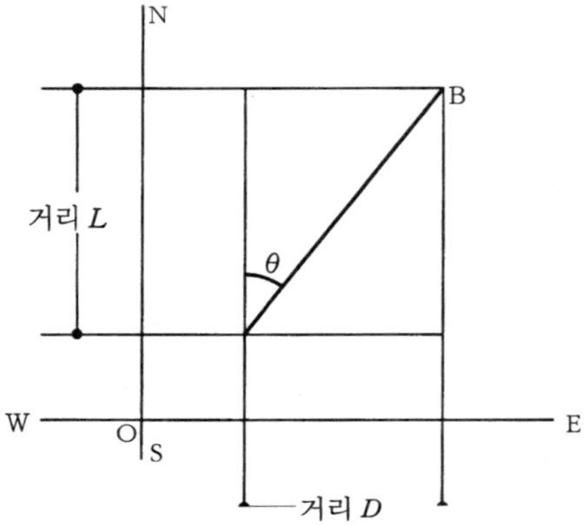

그림 6−39 위도와 경도

예제 6−6 | **다음 측선의 방위와 거리에서 위도와 경도를 구하시오.**

거리 80.000m　　　　　방위각 67° 45′ 20″

방위 N 67° 45′ 20″ E

위도 $L = 80.000 \times \cos 67° 45' 20'' = 30.285\text{m}$

경도 $D = 80.000 \times \sin 67° 45' 20'' = 74.046\text{m}$

6.16 폐합오차와 폐합비 계산

폐합 트래버스에 있어서 거리 및 각도의 측정에 오차가 없다고 한다면, 폐합 트래버스는 닫히기 때문에,

위도의 총합 $\Sigma L = 0 \quad (6-12)$

경도의 총합 $\Sigma D = 0 \quad (6-13)$

로 된다.

이 때, 경도에 있어서 N방향을 (+), S방향을 (−)로 하고, 경도에 있어서는 E방향을 (+), W방향을 (−)로 계산한다.

그러나 실제로는 그림 6−40과 같이 트래버스는 닫히지 않으므로 AA′와 같이 폐합오차 E가 생긴다.

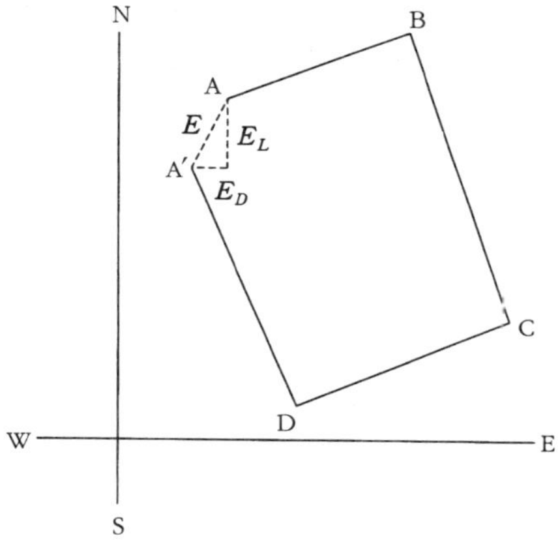

그림 6−40 폐합오차

폐합오차는 다음 식으로 나타낼 수 있다.

$$\text{위도의 폐합오차 } E_L = \Sigma L \qquad (6-14)$$

$$\text{경도의 폐합오차 } E_D = \Sigma D \qquad (6-15)$$

$$\text{폐합오차 } E = \sqrt{E_L^2 + E_D^2} = \sqrt{(\Sigma L)^2 + (\Sigma D)^2} \qquad (6-16)$$

또 측선길이의 총합을 Σ라 하면, 폐합비 R은 다음 식으로 나타낼 수 있다. 표 6−6에 폐합비의 허용범위를 나타낸다.

$$R = \frac{E}{\Sigma S} = \frac{\sqrt{E_L^2 + E_D^2}}{\Sigma S} \qquad (6-17)$$

표 6-6 폐합비의 허용범위

지형	허용범위
산림	1/500 ~ 1/1000
평지	1/1000 ~ 1/5000
시가지	1/5000 ~ 1/10000

예제 6-7 **표 6-7은 그림 6-41에 나타낸 것과 같은 폐합 트래버스 측량의 결과이다. 이 표 6-7로부터 폐합오차 및 폐합비를 구하시오.**

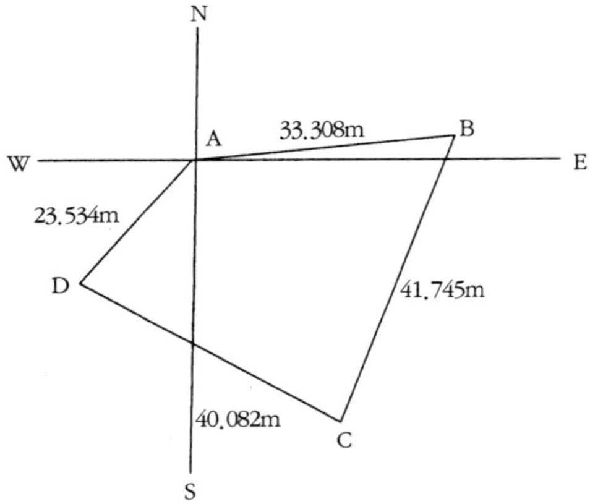

그림 6-41 폐합트래버스 측량의 결과

위도의 폐합오차 $E_L = \Sigma_L = 3.905 - 37.978 + 18.757 + 15.287B = -0.029$

경도의 폐합오차 $E_D = \Sigma_D = 33.094 - 14.726 - 36.235 + 17.892 = 0.025$

폐합오차 $E = \sqrt{E_L^2 + E_D^2} = \sqrt{(-0.029)^2 + (0.025)^2} = 0.038\text{m}$

측선 길이의 총합 $\Sigma S = 33.308 + 41.745 + 40.082 + 23.534 = 138.669$

표 6-7 폐합 트래버스 측량의 결과

측선	거리(m)	위도 L(m)		경도 D(m)	
		N (+)	S(−)	E(+)	W(−)
AB	33.308	3.905		33.094	
BC	41.745		37.978		14.726
CD	40.082	18.757			36.235
DA	23.534	15.287		17.892	
계	138.669	37.949	37.978	50.986	50.961

$$\text{폐합비 } R = \frac{E}{\Sigma S} = \frac{0.038}{138.669} \fallingdotseq \frac{1}{3649}$$

6.17 위도 · 경도 조정

폐합 트래버스에 있어서의 위도, 경도의 조정에는 다음의 2가지 방법이 있다.

6.17.1 트랜싯 법칙에 의한 조정

각도 측정의 정확도가 거리측정의 정확도보다 높다고 생각되어질 경우는 위도와 경도의 오차를 각각의 측선의 위도, 경도의 길이에 비례하여 배분한다.

각 측선의 조정량은 다음 식과 같이 된다.

eL : 위도의 조정량 EL : 위도의 오차

$\Sigma|L|$: 위도의 절대값의 총합 L_i : 각 위도

eD : 경도의 조정량 E_D : 경도의 오차

$\Sigma|D|$: 경도의 절대값의 총합 D_i : 각 경도

$$e_L = \frac{E_L}{\Sigma|L|} \times L_i \qquad (6-18)$$

$$e_L = \frac{E_D}{\Sigma |D|} \times D_i \qquad (6-19)$$

이 때 위도의 오차와 경도의 오차가 (−)일 경우, 조정량은 (+)로서 보정하고 E_L, E_D가 (+)일 경우에 조정량은 (−)로서 보정한다.

이것은 다음에 언급할 컴퍼스법칙에 의한 조정에서도 같다.

예제 6−8 | **표 6−7의 위도, 경도를 트랜싯 법칙에 의해 조정하시오.**

$E_L = 37.949 - 37.978 = -0.029\,\text{m}$

$\Sigma |L| = 3.905 + 37.978 + 18.757 + 15.287 = 75.927\,\text{m}$

$E_D = 50.986 - 50.961 = 0.025\,\text{m}$

$\Sigma |D| = 33.094 + 14.726 + 36.235 + 17.892 = 101.947\,\text{m}$

위도의 조정

E_L(−)등에서 조정량은 (+)로서 계산한다.

$AB = \frac{0.029}{75.927} \times 3.905 = 0.001 \qquad BC = \frac{0.029}{75.927} \times 37.978 = 0.015$

$CD = \frac{0.029}{75.927} \times 18.757 = 0.007 \qquad DA = \frac{0.029}{75.927} \times 15.287 = 0.006$

경도의 조정

$AB = \frac{0.025}{101.947} \times 33.094 = -0.008 \qquad BC = \frac{0.025}{101.947} \times 14.726 = -0.004$

$CD = \frac{0.025}{101.947} \times 36.235 = -0.009 \qquad DA = \frac{0.025}{101.947} \times 17.892 = -0.004$

표 6-8 트랜싯 법칙에 의한 조정위도 · 조정경도

측선	위도 L(m)		경도 D(m)		조정위도(m)		조정경도(m)	
	N(+)	S(-)	E(+)	W(-)	N(+)	S(-)	E(+)	W(-)
AB	3.905		33.094		3.906		33.086	
BC		37.978		14.726		37.963		14.730
CD	18.757			36.235	18.764			36.244
DA	15.287		17.892		15.293		17.888	
계	37.949	37.978	50.986	50.961	37.963	37.963	50.974	50.974

6.17.2 컴퍼스 법칙에 의한 조정

각도의 측정과 거리측정의 정확도가 같은 정도라고 생각될 경우, 위도, 경도의 오차를 각 측선의 길이에 비례하여 배분한다.

어떤 측선의 조정량은 다음 식과 같이 된다.

e_L : 위도의 조정량　　E_L : 위도의 오차　　e_D : 경도의 조정량

E_D : 경도의 오차

S_i : 각 측선의 길이　ΣS : 측선길이의 총합

$$e_L = \frac{E_L}{\Sigma S} \times S_i \tag{6-20}$$

$$e_D = \frac{E_D}{\Sigma S} \times S_i \tag{6-21}$$

예제 6-9 | 표 6-7의 위도, 경도를 컴퍼스 법칙에 의해 조정하시오

$E_L = 37.949 - 37.978 = -0.029\,\text{m}$

$E_D = 50.996 - 50.961 = 0.025\,\text{m}$

$\Sigma S = 33.308 + 41.745 + 40.082 + 23.534 = 138.669\,\text{m}$

위도의 조정

트랜싯 법칙과 같이 E_L이 (−)이므로 조정량은 (+)로서 계산한다.

$$AB = \frac{0.029}{138.669} \times 33.308 = 0.007 \qquad BC = \frac{0.029}{138.669} \times 41.745 = 0.009$$

$$CD = \frac{0.029}{138.669} \times 40.082 = 0.008 \qquad DA = \frac{0.029}{138.669} \times 23.534 = 0.005$$

경도의 조정

트랜싯 법칙과 같이 E_D가 (+)이므로 조정량은 (−)로서 계산한다.

$$AB = \frac{0.025}{138.669} \times 33.308 = -0.006 \qquad BC = \frac{0.025}{138.669} \times 41.745 = -0.008$$

$$CD = \frac{0.025}{138.669} \times 40.082 = -0.007 \qquad DA = \frac{0.025}{138.669} \times 23.534 = -0.004$$

표 6−9 컴퍼스 법칙에 의한 조정위도 · 조정경도

측선	위도 L(m)		경도 D(m)		조정위도(m)		조정경도(m)	
	N(+)	S(−)	E(+)	W(−)	N(+)	S(−)	E(+)	W(−)
AB	3.905		33.094		3.912		33.088	
BC		37.978		14.726		37.969		14.734
CD	18.757			36.235	18.765			36.242
DA	15.287		17.892		15.292		17.888	
계	37.949	37.978	50.986	50.961	37.969	37.969	50.976	50.976

6.17.3 합성위도와 합성경도

어떤 점을 원점으로 그것을 지나는 NS선를 X축, EW선을 Y축으로 하는 직교좌표에 의하여 각 측점의 위치를 나타낼 수 있다. 이 때의 각 측점의 종축(X축)의 좌표를 합성위도라 하고, 횡축(Y축)의 좌표를 합성경도라 한다.

그림 6−42에 있어서 합성위도와 합성경도는 다음과 같이 된다.

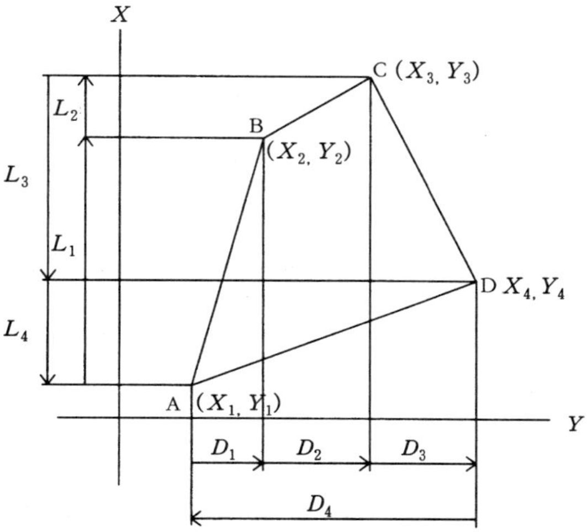

그림 6-42　합성위도와 합성경도

합성위도(x)

측점 A　x_1

측점 B　$x_2 = x_1 + L_1$　　(6-22)

측점 C　$x_3 = x_2 + L_2 = x_1 + L_1 + L_2$　　(6-23)

측점 D　$x_4 = x_3 + L_3 = x_1 + L_1 + L_2 + L_3$　　(6-24)

합성경도(y)

측점 A　y_1

측점 B　$y_2 = y_1 + D_1$　　(6-25)

측점 C　$y_3 = y_2 + D_2 = y_1 + D_1 + D_2$　　(6-26)

측점 D　$y_4 = y_3 + D_3 = y_1 + D_1 + D_2 + D_3$　　(6-27)

예제 6-10　**표 6-9의 조정위도, 조정경도로부터 합성위도와 합성경도를 구하시오.(측점A의 $x_A = 0$, $y_A = 0$으로 한다.)**

측점 A $x_A = 0$

$y_A = 0$

측점 B $x_B = 0 + 3.912 = 3.912\ m$

$y_B = 0 + 33.088 = 38.088\ m$

측점 C $x_C = 3.912 - 37.969 = -34.057\ m$

$y_C = 33.088 - 14.734 = 18.354\ m$

측점 D $x_D = -34.057 + 18.765 = -15.292\ m$

$y_D = 18.354 - 36.242 = -17.888\ m$

표 6-10 합위도 및 합경도

측점	합성위도 x(m)	합성경도 y(m)
A	0	0
B	+3.912	+38.088
C	−34.057	+18.354
D	−15.292	−17.888

폐합 트래버스에 의하여 최종 측점의 합성위도와 합성경도가 최종 측점선의 조정위도, 조정경도와 부호가 반대이고 값이 같으면, 계산에 오류가 없는 것이 된다.

6.18 토털 스테이션(Total Station)

전자기술의 진보와 더불어 측량 분야에서도 1대의 기계로 각도(연직각, 수평각)와 거리를 동시에 측정할 수 있고, 또 측정데이터도 전자적으로 처리하고 외부에 출력할 수 있는 토털 스테이션이라 부르는 그림 6-43에 나타낸 것 과 같은 전자식 측거측각의를 사용할 수 있게 되었다. 이 기계로부터 현장에서의 측량작업 자체가 효율화 되었을 뿐 아니라, 전자적인 데이터 처리로부터 다양한 연산이 컴퓨터로 할 수 있게 되었으며, 도면작업까지도 자동화되어 있다.

그림 6-43 토털 스테이션

토털 스테이션 시스템은 그림 6-44에 나타낸 것과 같이, 이 전자식 측거측각의에 전자 야장(데이터 컬렉터)을 이용하는 것으로 측정데이터의 자동기록과 측정 정확도를 확인하며, 여기에 컴퓨터, 측량계산 프로그램, 자동제도기 등을 조합하는 것부터 계산에서 도면 출력까지를 일괄 연속처리로 하는 측량시스템이다.

토털 스테이션으로부터 지금까지 단독작업으로서 행해졌던 관측, 관측기록· 점검 · 계산 · 장표작성 · 작도 등을 온라인으로 할 수 있게 되었으며, 대규모 측량에서도 효율이 좋고, 더욱이 그정밀하게 측량할 수 있게 되었다.

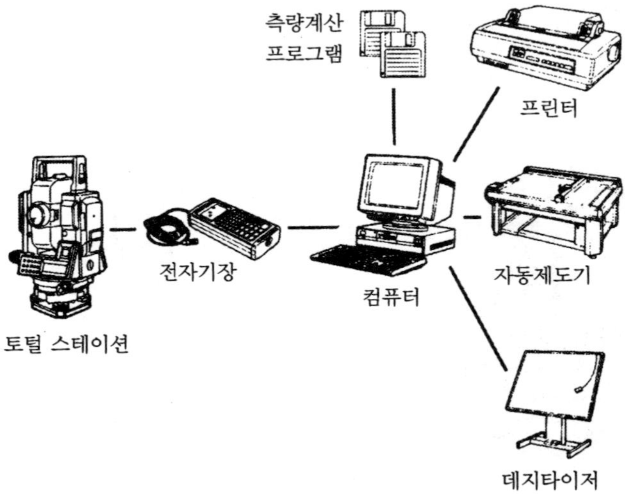

그림 6-44 토털 스테이션 시스템 개략

건축공사측량

7.1 건축공사 측량의 의의

공사측량은 설계도면과 시방서 등에 표시된 건물의 위치, 축적, 높이 등의 기준점, 기준선, 각종의 중심선 등의 공사실시에 필요한 점이나 선을 정확히 표시하는 작업이며, 이것을 측설 이라고도 한다.

공사측량은 현장의 건축기술자로서 중요한 일이며, 이것이 적절하게 이루어지지 않으면 설계도서에 기초한 적확한 공사를 실시할 수 없다. 그러므로 제일 적절한 방법으로 정확히 표시해야 한다.

한편, 공사측량은 실무적인 분야이므로 전문용어나 현장용어를 많이 사용할 수밖에 없기 때문에 초심자에게는 다소 난해한 부분도 있을 수도 있지만, 건축시공이나 건축구조 등과 연관하여 배우는 것으로부터 이해하기 바란다.

7.2 건축측량의 구분

건축측량은 작업일지보다 표 7−1과 같은 부지측량과 공사측량의 2가지로 크게 나눌 수 있다.

표 7-1 건축측량의 구분

구분	측량구분 측량 구분	측량구분 기능 구분	측량 목적	측량대상 측량요소	측량대상 공사측정 항목	사용하는 측량기술 측량방법	사용하는 측량기술 측량기계 및 기기
부지 및 그 주변	부지 측량	지형 측량	부지경계선의 확인	점의 위치 선의 길이 각도		트랜싯측량	트랜싯, 줄자, 폴대
						트래버스측량	트랜싯, 줄자, 볼(컴퍼스)
						평판측량	평판, 줄자, 폴대
			부지면적의 파악	점의 위치 선의 길이 각도		거리측량	줄자, 폴대
						트랜싯측량	트랜싯, 줄자, 폴대
						트래버스측량	트랜싯, 줄자, 볼(컴퍼스)
						평판측량	평판, 줄자, 폴대
			계획배치를 위한 지형의 파악	점의 위치 선의 길이 각도 고저차		수준측량	레벨, 줄자
						트랜싯측량	트랜싯, 줄자, 폴대
						트래버스측량	
공사추진을 위한 측량	공사 측량	측설	공사기준점의 설정 수평기준	면의 높이		레벨측량	레벨, 줄자
			건물의 방식	점, 선, 각도(직각, 연직)	말뚝·기초심의 위치	트랜싯측량	트랜싯, 줄자
			건물수준기	면의 높이	말뚝·기초심단의 높이	수준기, 레벨측량	레벨, 수평기
			공사기준선 및	점, 선, 각도(직각, 연직)	공사기준선	트랜싯측량	수계대기말뚝
						거리측량	줄자
			연직기준의	선, 각도(연직)		트랜싯측량 추	트랜싯, 수계

구분	측량구분		측량 목적	측량 대상		사용하는 측량기술	
	측량 구분	기능 구분		측량요소	공사측정 항목	측량방법	측량기계 및 기기
공사품질관리를 위한 측량	공사 측량	측설	공사접점의 검사	길이, 선(연직), 각도(직각)	철골의 건축방식	트랜싯측량 추, 수직측량	트랜싯, 추, 줄자, 수직기
				길이, 면(수평), 선(연직)	거푸집의 매입	레벨측량, 추	레벨, 추, 줄자, 연직기
				길이(줄자량)	철근, 배근	길이측량	줄자,(스케일)
				면(수평)	콘크리트 천단	레벨측량	레벨, 줄자(스케일)
				길이, 각도(직각), 선(연직)	창호기기 부착	길이측량, 추	줄자(스케일)
		조측	품질관리	선, 각도, 면	마감	각종측량	정규, 각종기기
공사안전관리를 위한 측량	공사 측량	검측	지반침하·강기	길이	침하량	레벨측량	레벨, 줄자(스케일)
				길이, 각도		트랜싯측량 길이측정	트랜싯, 줄자

부지측량

부지 및 부지 주변의 공간을 파악하기 위한 측량으로서 부지의 평면 형상이나 고저차의 측량, 그 밖의 도로와 주변의 건물, 수목과 설치물 및 지하매설물과 부지와의 관계 등의 조사도 포함된다.

1.1.1항에서 언급하였던 건물의 기획, 계획, 설계를 함에 있어서 필요로 하는 측량이며, 다음에서 논하게 될 공사측량과 의미가 다르다.

7.3 공사측량의 구분

7.3.1 공사 추진을 위한 측량

공사 추진을 위한 측량은 공사의 내용에 따라 다르지만, 기본적으로는 점, 각, 선, 거리를 각종 공사에 맞추어 표시하는 것이다. 기술자는 설계도서에 따라 필요한 표시를 하고 원활하게 정확히 공사를 진행해야 한다.

7.3.2 공사의 품질관리를 위한 측량

건축공사에 있어서 설계도서에 나타낸 축적대로 시공되어 있는지, 또 수평과 연직이 정확히 시공되어 있는지를 확인하는 측량을 검측이라 한다.

공사의 품질관리를 위한 측량은 검측을 위한 측량이며, 각종공사에 있어 공정과 공정절차에 있어서 다음 공정에 들어가기 전에 각종공사의 점검으로서 행한다. 이로써 정확도가 높은 공사를 실시할 수 있다.

7.2.3 공사의 안전관리에 관한 측량

공사를 수반한 주변지반의 침하와 융기 등의 변형이나 비계발판 등의 가설물의 변형 등을 확인 측량하는 것으로, 건축공사를 안전하게 진행하기 위하여 불가피한 측량이다.

공사 추진을 위한 측량

품질관리를 위한 측량

안전관리에 관한 측량

공사측량이란.....

그림 7-1 공사측량 구분

7.4 공사측량에 사용한 기구

측설에는 레벨과 트랜싯 등 측량기계 이외에 그림 7-2에 나타낸 것과 같은 도구를 사용한다.

(1) 먹줄과 먹물

먹줄은 긴 직선을 표시하기 위하여 사용되는 것으로서 먹물은 대나무로 만든 필기를 위한 도구이다.

(2) 추심

실 끝에 추가 되는 수구를 매단 것으로서 측점과 측선이 이설과 연직을 보는데 쓰인다.

(3) 직선정규

추와 함께 연직을 보는데 쓰인다.

(4) 줄자

다른 측량과 같이 길이를 재기 위하여 사용된다.

(5) 컴퍼스 스케일

강판줄자의 일종으로 측장 1~5m 정도의 것.

(6) 기준실선

나일론 또는 목금제의 실로서 주로 기준점 간에 수평으로 다는 것에서부터 높이와 수평을 나타내는데 사용된다. 또 먹물을 먹이지 않으면 기준선으로서도 쓰인다.

(7) 티자

길이 및 직각을 측정하는 것이 가능하며 측설에 있어서 자로서 쓰인다.

(8) 직각삼각자

직각을 측설하기 위해 사용되며, 대형 직각삼각자이다. 현장에서 나무 판재로 만들어 쓰며, 변의 비가 3 : 4 : 5의 직각삼각형으로 되어 있다.

(9) 고무관 수평기(수성관)

수위를 이용하여 수평을 측설하는 기구로서, 소규모 공사나 레벨 사용이 어려운 협소한 장소 등의 측설에 쓰인다.

(10) 봉상수평기(수준기)

수평이나 연직을 측설하는데 사용되는 도구

(11) 직각자

주로 기초의 깊이 등을 측정하기 위해 사용되는 자

(12) 직자

현장에 있어서 4m 정도의 곧은 나무의 목각에 눈금을 세긴 자로서, 길이나 높이를 측설하는데 쓰인다.

(13) 목봉

손쉽게 사용할 수 있는 것으로서, 수평이나 높이를 측설하기 위하여 자유롭게 눈금이나 표시를 표시할 수 있으며 목제로 된 봉이 쓰인다.

7.5 표시방법

공사 초기 등에 있어서 치수, 위치, 거리 등을 직접으로 측설할 수 없을 경우에는 사용법이나 말뚝 등을 설치하여 간접적으로 치수, 위치 등을 표시한다. 공사의 진행과 더불어 건물 등의 면에 직접적으로 측설할 수 있는 경우에는 건물 등의 부재 면에 표시한다.

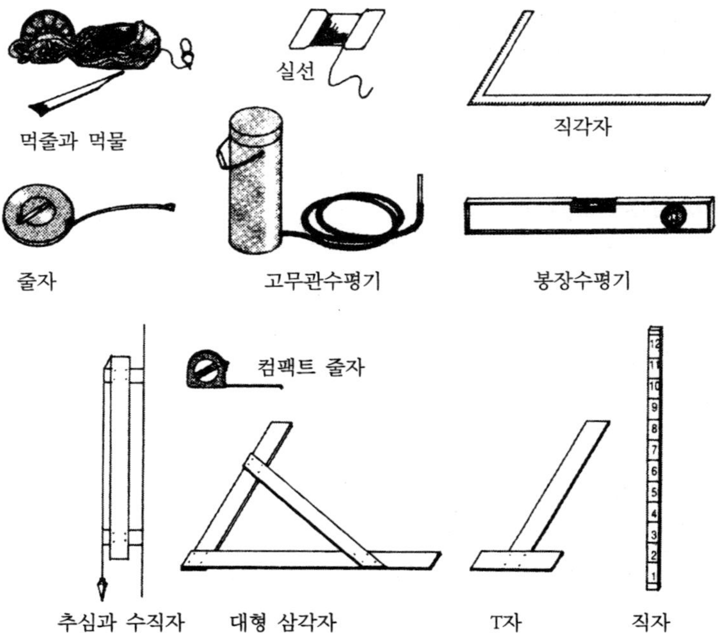

그림 7.2 측설에 사용하는 기기

표시에 대해서는 제3자가 보더라도 알 수 있도록 명확하게 한다. 또 공사현장에서는 이들 표시가 손상 또는 더럽혀지거나, 흙이나 콘크리트 등의 재료로 묻히는 경우가 있으므로 표시장소, 위치 및 방법은 충분히 주의할 필요가 있다.

7.5.1 사용법

사용법은 그림 7-3에 나타낸 것과 같이 건물의 평면치수나 수평·연직의 기준을 표시하는 것이다.

사용법은 말뚝 상단이 일정 높이로 수평이 되도록 박아 넣어 띠장으로 기둥이나 벽의 중심선의 위치, 기초 끝단의 위치, 나아가 바닥높이, 깊이 등의 기준을 표시한다. 또 말뚝은 이 이상 어긋나면 안 된다는 표시로서 말뚝머리 부위를 화살촉 모양으로 잘라 놓는다.

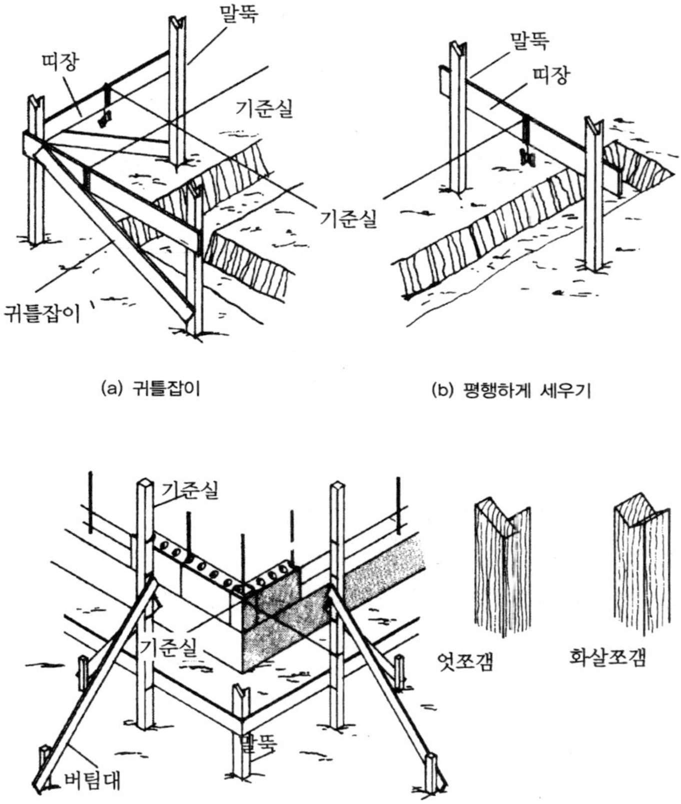

(a) 귀틀잡이 (b) 평행하게 세우기

(c) 세우기 (d) 엇쪼갬과 화살쪼갬

그림 7–3 각종 방식

7.5.2 말뚝

말뚝은 사용법을 필요로 하지 않은 표시나 공사 진행의 장애 등으로 사용법이 쓰이지 않을 경우에 사용된다.

말뚝에는 그림 7–4에 나타낸 것과 같이 기둥이나 기초말뚝의 중심 등을 표시할 지중말뚝이나 부지, 말뚝 밑동을 뾰족하게 만든 말뚝 등을 위해 말뚝 상단을 일정한 높이에 항타하여 등고말뚝, 수중항타에 사용되는 수중말뚝 등이 있다. 또 측점으로서 항두부에 십자선을 표시하여 못을 친다.

그림 7-4 말뚝

7.5.3 먹

건물의 바닥면이나 벽면 등에 직접 표시하는 것을 먹이라고 한다. 먹은 보통 먹통과 먹줄로부터 표시되는데 공사나 표시면을 위해서는 분필이나 페인트 마크 등도 사용된다.

먹의 색은 원칙적으로 검정이지만, 표시면에 따라 보기 어려울 경우나 마무리 공사면, 설비공사의 측설 등 공사의 종류에 따라 식별을 하기 위하여 빨강 먹을 사용하는 등 먹 색깔을 구분할 경우도 있다.

먹은 보기 쉬운 위치에 명확히 표시하고 실수가 생기지 않도록 명칭 또는 먹줄 기호를 표기한다.

먹에는 그림 7-5에 나타낸 것과 같이, 표기하는 장소에 따라 다음과 같은 것이 있다. 더욱이 기둥이나 벽 등의 가장 기준이 되는 중심선을 공사기준점 먹물 넣기(bench mark)라고 한다. 공사기준점은 수평 · 연직 방향에 각층 공통의 위치를 나타낼 기준선이 된다.

(1) 먹 넣기

바닥면에 표시되는 먹으로 기둥이나 벽 등의 중심선이나 기준선을 표시한다.

(2) 먹줄 세우기

기둥면이나 벽면의 연직선을 표시하는 먹줄로, 연직방향의 중심선이나 기준선을 표시한다.

(3) 수평먹줄

기둥면이나 벽면의 수평선을 표시하는 먹줄로, 수평방향의 기준이나 높이의 기준을 표시한다.

(4) 기준먹줄(먹줄 교차점)

그림 7-6과 같이 기둥이 장애가 되며, 기둥 중심을 표시하는 먹 넣기를 직접 표시할 수 없는 경우 등, 정규의 기준선에서 적당한 거리만큼 떨어 뜨려 표시되는 먹이다. 또 건설현장에 있어서 다음과 같이도 분류된다.

① 어미먹줄(기준먹줄)

현장에서 가장 기준이 되는 중심선이나 계단 높이의 기준을 표시하는 먹으로, 기준먹줄이라고도 부른다.

② 아들먹줄

기준먹줄에서 유도되어 나온 기둥이나 벽, 바닥 등의 구체면을 나타내는 먹줄을 말한다.

③ 손자먹줄

기준먹줄과 아들먹줄로부터 유도되어 나온 먹줄로써 내장 등의 마감면을 나타내는 먹줄을 말한다.

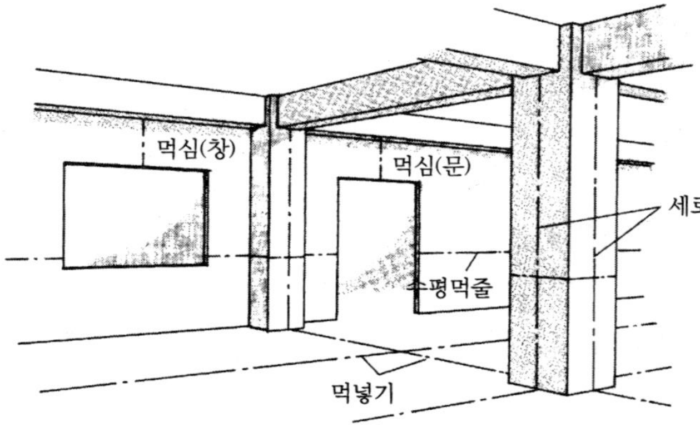

그림 7-5 먹 표시

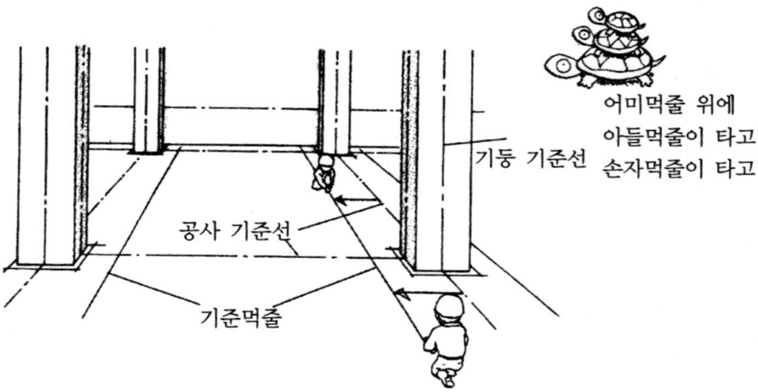

그림 7-6 기준먹줄

7.6 기본적인 측설

공사측량에 있어서 기본적인 측설은 직각, 수평, 연직을 정확히 표시하는 것이다.

7.6.1 직각의 측설

직각의 측설은 그림 7-7에 나타낸 것과 같이 트랜싯을 써서 할 수 있다. 이 때의 작업순서는 다음과 같이 된다.

① 기준이 되는 점(말뚝)에 트랜싯을 설치한다.

② 공사기준선 등 기준이 되는 선상에 임의의 점(말뚝)을 시준한다.

③ 기준이 되는 선에 대하여 90° 방향으로 시준하여 기준으로 한 선과 직각방향의 선상에 점(말뚝)을 박는다.

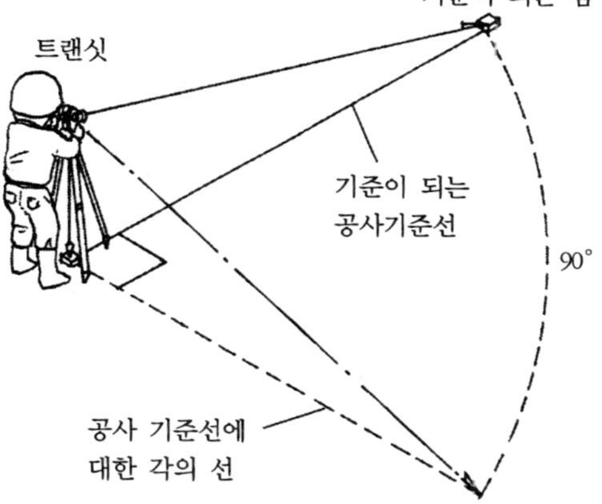

그림 7-7 트랜싯에 의한 직각 측설

또 목조주택과 같이 비교적 소규모 건물의 경우, 그림 7-8과 같이 대형 삼각자를 사용하는 경우도 있다.

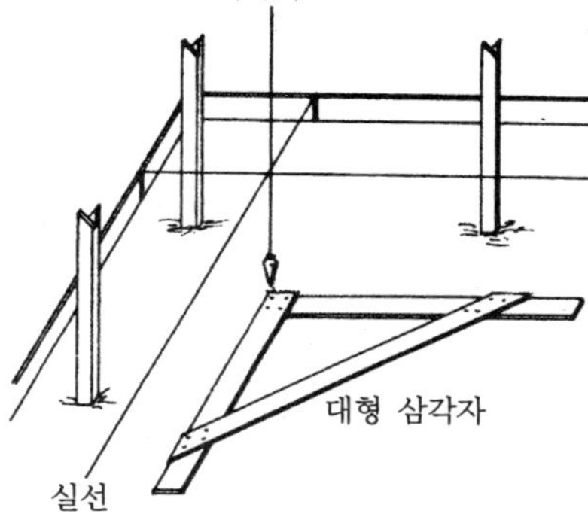

그림 7-8 대형 삼각자에 의한 직각 측설

7.6.2 수평의 측설

수평의 측설은 조정의 높이에 수평의 기준선을 긋는 것이다. 그림 7-9는 고무관 수평기에 의한 수평의 측설이며, 그림 7-10은 레벨에 의한 수평의 측설이다. 레벨에 의한 수평의 측설 작업순서는 다음과 같이 된다.

① 높이의 기준이 되는 말뚝 등에 목봉을 맞춘다.

② 이 목봉을 레벨로 시준하고 목봉에 망원경의 십자선의 수평선을 맞추어 표시해 둔다.

③ 수평을 측설하고자 하는 말뚝 등에 ②에서 표시한 목봉을 수직으로 설치한다.

④ 레벨로 목봉을 시준하고 망원경의 십자선과 ②에서 표시한 목봉의 표시와 맞춘다.

그림 7-9 고무관 수평기에 의한 수평 측설

⑤ 목봉의 하단에 맞춘 말뚝에 표시를 넣음으로써, 이 말뚝에는 기준높이가 측설된다.

그림 7-10 레벨에 의한 수평의 측설

7.6.3 연직의 측설

연직의 측설은 트랜싯 및 추심에 의해 한다. 추심에 의한 측설은 그림 7-11에 나타낸 것과 같이 추심 상부와 하부와의 치수의 차로부터 연직을 측정한다.

또 트랜싯에 의한 측설은 그림 7-12에 나타낸 것과 같이 하부의 기준점과 상부의 기준점을 시준하여 연직을 측정한다.

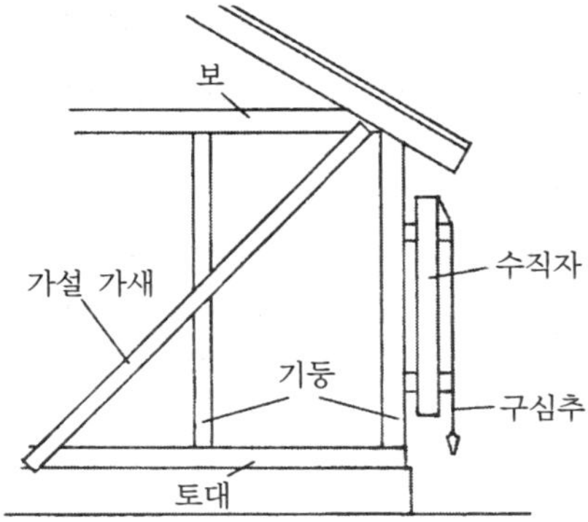

그림 7-11 추에 의한 연직 측설

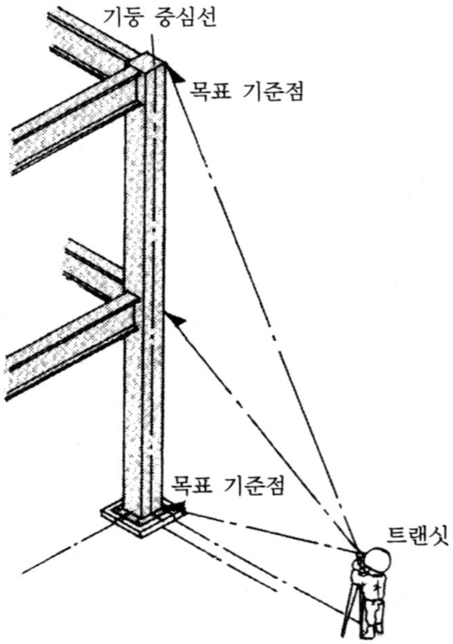

그림 7-12 트랜싯에 의한 연직 측설

7.7 각종공사의 측설

각종 공사의 측설은 공사의 내용에 의해 다소의 차이는 있지만, 기본적으로는 점, 선, 각, 거리를 각 공사에 맞추어 표시하는 것이다.

일반적으로 설계도서에는 측설에 필요한 사항이 충분히 기재되어 있지 않을 경우가 많으므로, 대규모 공사에서는 측설을 위한 도면과 측설도를 작성하는 경우가 있다. 또 먹의 수가 많고 복잡한 경우, 먹의 위치 등을 기록하고 도면화할 필요가 있다. 이 도면을 기준도면(먹줄 넣기)이라 한다.

7.7.1 대지측량

공사착공 전에 공사시방서에서 정하는 바에 따라 다음의 측량을 한다.

(1) 경계명시 측량

인접지(隣接地) 및 도로와의 경계는 담당원, 인접지 소유자, 기타 관계관의 입회하에 측량하고, 측량결과에 따라 경계말뚝을 견고히 설치하여 준공 시까지 보호·감시 관리해야 한다.

(2) 현황 측량

① 현황 측량은 담당원이 지시하는 측량방법에 따르고 현황 측량도를 작성하여 담당원에게 제출한다.

② 현황 측량에는 공사대지와 인접대지 또는 도로와의 경계부분 등의 고저가 표시되어야 하며 대지 내에 있는 지상구조물, 수목, 상하수도, 통신 및 전력케이블, 가스관 등의 위치와 규격 등이 표시되어야 한다.

그림 7-13 대지 먹줄넣기

7.7.2 줄쳐보기

공사착공 전에 건축물의 건설 위치를 표시하기 위해 담당원의 입회하에 건축물의 형태에 맞춰 줄을 띄우거나 석회로 선을 그어 줄쳐보기를 한다.

이때 도로 및 인접 건축물과의 관계, 건축물의 건축으로 인한 재해 및 안전대책 등을 점검한다.

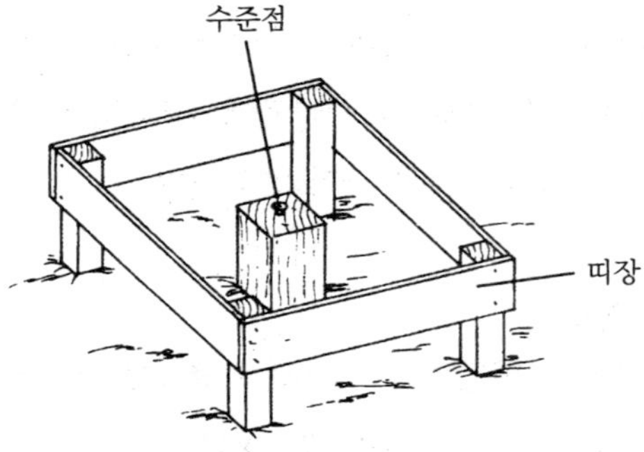

그림 7-14　수준점

7.7.3 규준틀

줄쳐보기를 실시한 후 규준틀을 건축물의 모서리 및 기타 요소에 설치하여 건축물의 위치 및 높이의 기준을 명확히 표시하고 담당원의 검사를 받는다.

(1) 규준틀 말뚝은 통나무 끝마구리 지름 7.5cm 또는 6cm 각목, 길이 1.5m 이상의 것을 쓰고, 밑둥박기는 75cm 이상으로 한다. 말뚝머리는 엇빗으로 비스듬히 자른다. 수평띠장은 두께 1.5cm, 나비 12cm 이상의 것을 쓰고, 윗면은 먹줄을 칠 수 있도록 대패질한 것을 규준틀 말뚝에 수평으로 덧대고 못질한다.

(2) 경미한 공사에는 말뚝길이 90cm 이상, 밑둥박기는 30cm 이상, 수평띠장은 두께 1.2cm, 나비 9cm 이상의 것을 사용하고 윗면은 대패질하여 규준틀 말뚝에 수평으로 덧대고 못질한다.

(3) 규준틀에는 담당원이 지시하는 측량방법으로 건축물의 위치 및 수평의 규준을 명확히 먹으로 금을 그어 담당원의 승인을 받는다. 규준틀에 표시한 기준선을 수시로 검사하여 잘못된 것은 즉시 수정하고 공

사 진행에 따라 건축물에 옮겨서 표시한다.

7.7.4 기준점(bench mark)

기준점은 건축물 높낮이의 기준이 되며 기존 공작물이나 신설한 말뚝 등의 높이의 기준을 표시하는 것이므로 담당원의 지시에 따라 이동할 우려가 없는 곳을 선정하여 표시한다. 기준점의 위치, 기타 사항은 따로 기록하여 두고, 필요에 따라 보조기준점을 1~2개소 설치한다. 기준점은 이동 및 변형 등이 없도록 보호조치를 해야 한다.

7.7.5 수평면 측설

공사에 있어서 기준이 되는 수평면을 측설하는 것을 수평면 측설이라 한다.

수평면 측설은 그림 7－15와 같이 수준점에서 레벨이나 고무관수평기 등을 이용하여 일정높이를 측정하고 말뚝과 같은 높이의 수평에 표시를 하며, (수평의 표시를 한 말뚝을 수평말뚝이라 부름), 이 수평표시에 띠장(수평띠장)의 상단을 합하여 고정하여 설치한 것이다.

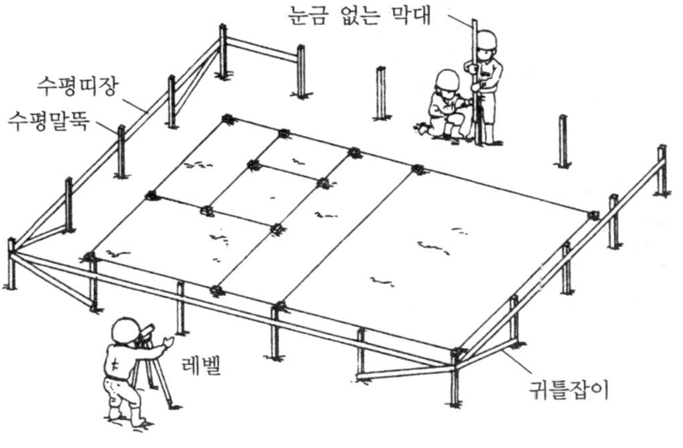

그림 7－15 수평면 측설

수평면 측설은 건물이나 부지의 수평을 측정하고 대지기준먹줄에 의해 정해진 건물의 위치와 수평을 정확히 결정하기 위하여 기준이 되는 것이며, 기둥이나 벽 등의 중심선, 외벽선 등이나 설계도면상의 지반의 높이(G.L : ground line), 바닥의 높이(F.L : floor line) 등 수평의 기준선을 표시하기 위함이다.

7.7.6 인조점

수평면 측설에 설치된 수평띠장에 기둥이나 벽 등의 중심선이나 공사기준선을 내는 것을 인조점이라 한다. 인조점은 그림 7-16에 나타낸 것과 같이 먹줄넣기로 그어진 건물의 가장자리 지하 말뚝을 기준의 하나로서 트랫싯이나 대형 삼각자를 이용하여 직교방향의 기준이 되는 중심선이나 기준선을 수평띠장에 표시하는 작업이다. 또 그림 7-17에 수평띠장의 상단이 수평이 되어 있으므로 이 표시에 맞추어 기준실을 당기고 구심추(다림추) 등으로 중심선이나 기준선을 지상으로 옮기거나 터파기 바닥을 측정하거나 할 수 있다.

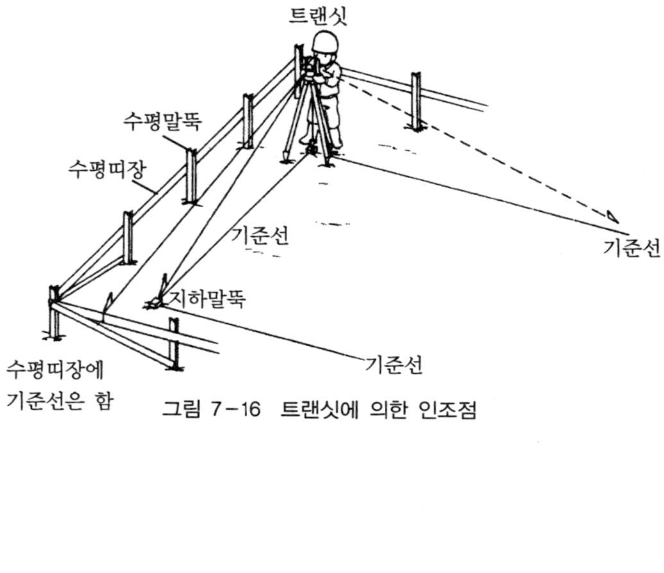

그림 7-16 트랜싯에 의한 인조점

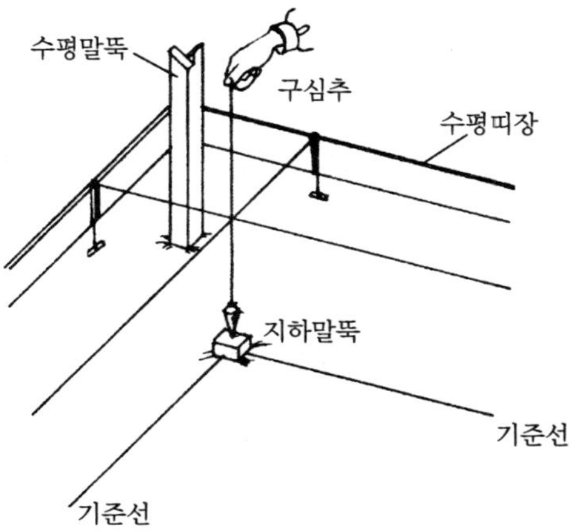

그림 7-17 구심추(다림추)에 의한 인조점

7.7.7 토공사의 측설

토공사는 부지의 정리, 터파기, 흙막이 공사, 성토 등의 흙과 관계되는 공사이다.

(1) 부지의 정리

부지에 요철이 있는 경우는 줄치기를 하기 전에 지면을 평평하게 한다. 부지의 땅 고르기를 하기 위한 측설은 그림 7-18과 같이 부지를 정방형 또는 장방형으로 구분하여 그 교점에 나무말뚝을 박아 각 점의 수준점에서의 고저차를 구한다. 시공기준면으로의 절토와 성토의 높이를 표시한다. 이 때 그림 7-18에도 나타낸 것과 같이 절토는 (−)cm, 성토는 (+)cm로 표시한다.

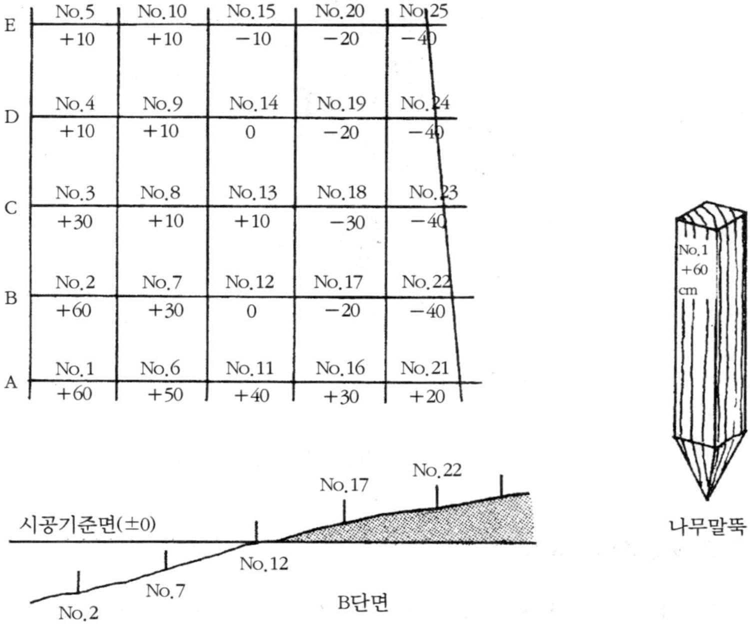

그림 7−18 부지의 땅 고르기의 측설

(2) 터파기

터파기란 기초를 만들기 위하여 지면을 굴착하는 것이다. 터파기의 측설은 그림 7−19와 같이 사용법의 수평띠장 또는 말뚝에 터파기의 범위나 터파기 깊이를 표시하는 것으로, 터파기의 방법이나 건물의 시공법의 차이에 의해 다르다.

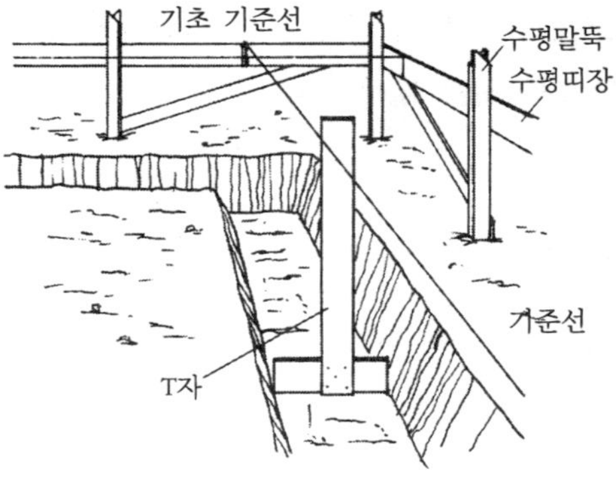

그림 7−19 터파기 측설

(3) 흙막이 공사

흙막이 공사란 터파기에 의한 토사의 붕괴를 방지하기 위한 가설 구조물이다. 흙막이 공사의 측설은 건축할 건물의 외벽 중심선 또는 외벽의 경계선을 부지측량에 있어서 기준점에서 측정하고, 흙막이 벽선을 표시한다. 또 흙막이 벽의 구축 후에는 흙막이 벽에 먹메기(먹넣기) 등 공사에 필요한 기준선을 표시한다.

(4) 토공사의 안전관리에 관한 측설

토공사는 흙을 대상으로 한 공사이므로, 공사의 안전성을 확인한 가운데 다음과 같이 측량할 필요가 있다.

① 지반침하

② 주변 건물의 침하나 변위

③ 옹벽의 침하나 변위

④ 보오링현상이나 히이빙현상에 의한 변위

그림 7－20은 옹벽과 그 변위의 측정 예이다.

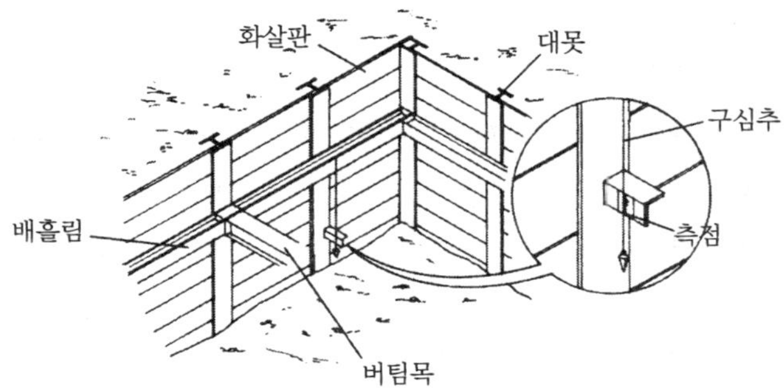

그림 7－20 옹벽과 그 변위에 측정 예

7.7.8 지하공사의 측설

지하공사란 건물로부터의 하중을 기초를 통하여 지반으로 전달하기 위한 토공사이다. 소규모 건물에서는 표석(길이가 10~15cm의 세로길이의 돌)이나 사리를 묻는 것을 말한다. 그러나 특히 지반이 연약한 경우에는 기초 하부에 말뚝을 설치한다.

대규모 공사에서는 말뚝은 지하공사가 아니라 구조체의 일부로서 보지만, 주택과 같은 소규모의 건물에서는 지반을 보강하는 의미로 지하공사를 하는 경우도 많다.

말뚝은 재질이나 시공방법에 의해 여러 가지로 부르고 있지만, 모두 지면상은 그림 7－21과 같이 말뚝 배치도에 의해 표시된다.

말뚝공사의 측설은 각 기초말뚝의 항타 위치를 나누어 트랜싯 등으로 종방향, 횡방향의 기초 선을 측설하고 각 기초말뚝의 항타 위치를 결정한다.

기초말뚝은 연직으로 설치해야 하므로, 기초말뚝의 연직 정확도를 높이기 위해서는 지중에 연직 구멍이나 가이드가 될 만한 것을 시공할 필요가 있다. 이를 위해 트랜싯 등을 이용하여 기초말뚝의 만들어 세우는 정확도를 측정할 필요가 있다. 또 그림 7－22와 같이 기초말뚝 설치 후, 말뚝머리 부위가 소정의 높이에 설치되어 있는지를 확인하기 위한 수준점과의 고저차도 측정한다.

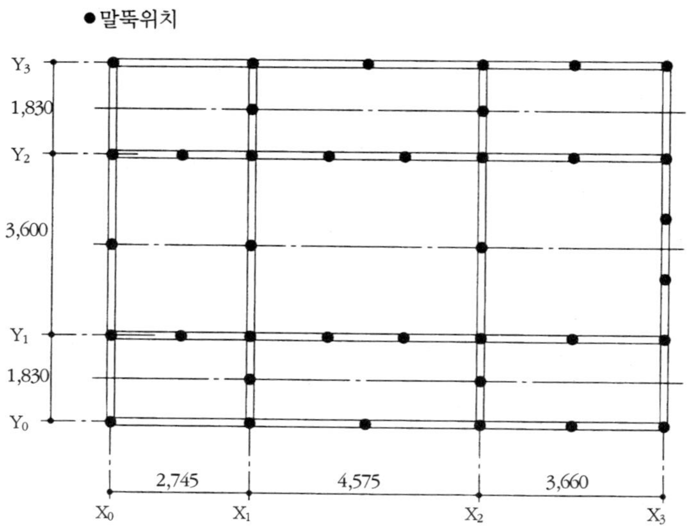

그림 7－21　소규모 건축물의 말뚝 배치도

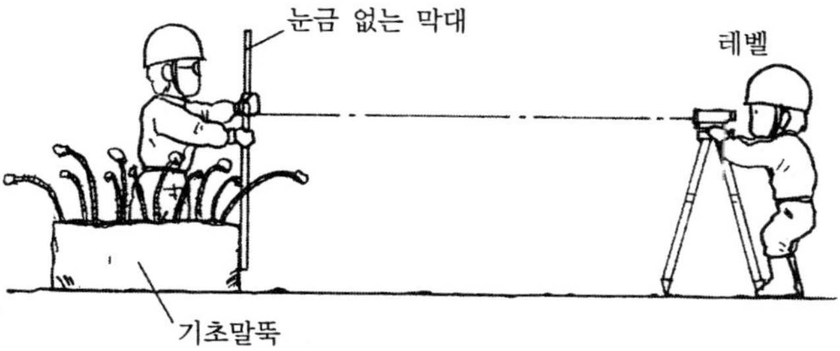

그림 7-22 말뚝머리의 고저차 측정

7.7.9 기초공사의 측설

(1) 기초콘크리트의 타설을 위한 측설

그림 7-23과 같이 기초 콘크리트를 타설하기 위하여 버림콘크리트(지하공사에서의 상부 면을 고르기 위하여 타설하는 콘크리트)면에 사용법으로부터 기둥 및 벽의 중심선, 기둥 및 벽의 중심선, 앵커볼트(기초와 토대나 기둥과를 긴결하기 위한 기초에 매설되는 볼트)에 위치 등 중요한 것은 형틀 상에 이동하여 표시한다.

목조주택 등의 공사에서는 특히 지반이 양질인 경우 버림콘크리트를 타설하지 않고 지하공사의 상부에 직접기초(지반의 지지력을 높이기 위하여 기초저면의 폭을 넓힌 부분)를 타설하므로, 이 경우에는 기초면에 측설한다. 또 레벨을 이용하여 기초콘크리트의 타설 높이를 형틀에 표시한다.

그림 7-23 버림콘크리트의 먹줄놓기

(2) 기초콘크리트 위의 측설

기초콘크리트 위에의 측설은 앞에서 기술한 기초콘크리트 타설을 위한 측설과 같은 작업이며, 목조나 철골조 등의 공사에서는 형틀을 떼어낸 후에 수평띠장에 표시된 기둥이나 벽의 중심선 등을 기초콘크리트 상면에 이동한다. 또 바닥 높이 등의 수평기준선도 사용법이나 기준점으로부터 기초콘크리트측면으로 옮겨 먹메김으로 표시한다. 이 측설은 먹줄이나 추심으로 이루어질 뿐 아니라 레벨이나 트랜싯을 이용하여 한다. 이 작업 후에 사용법은 제거한다.

7.7.10 목조의 본체공사 측설

목공사의 본체공사는 방법으로부터 기초 윗면에 측설하고 기초 윗면에서 토대면까지 측설하여 간다. 토대가 설치되면 기둥 등의 부재를 순번에 따라 세워나간다.

일반적으로 소규모인 목공사에서는 연직의 측설과 검사에는 추가 사용되어(그림 7－11 참조) 수평방향의 검사에는 그림 7－24에 나타낸 것과 같이 봉상수평기가 사용된다.

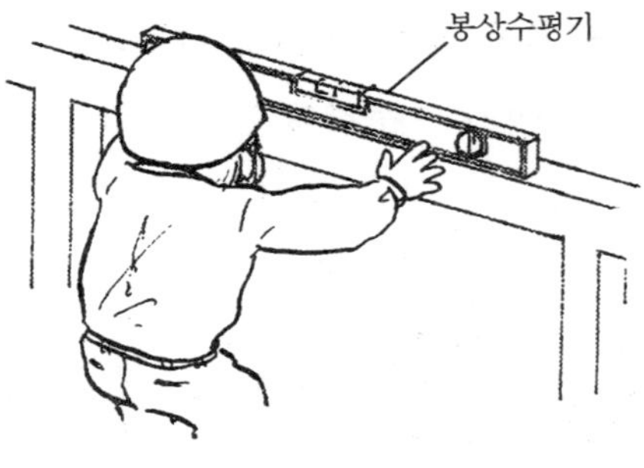

그림 7－24 봉상 수평기에 의한 수평검사

7.7.11 철골조의 본체공사 측설

(1) 앵커볼트의 측설

철골조에 있어서 철골기둥은 주각부의 베이스플레이트가 기초에 매립된 앵커볼트에 긴결된다. 철골조의 건축방법은 높은 정확도가 구해지므로 앵커볼트 매립위치의 측설은 정확히 하지 않으면 안 된다. 앵커볼트의 위치는 기둥 중심에서 나누어 트랜싯 등을 이용하여 측설하지만, 콘크리트 타설 중에 앵커볼트의 위치가 이동할 우려가 있으므로 충분히 공정하든지 수정할 수 있도록 해 둘 필요가 있다.

또 철골공사에 있어서 기초 윗면의 높이는 건물 전체의 높이 기준이 되므로, 설계도서 등에 나타낸 수준점에서 기초 윗면까지의 높이를 정확히 측설해야 한다. 그림 7－25에 앵커볼트의 측선을 나타낸다.

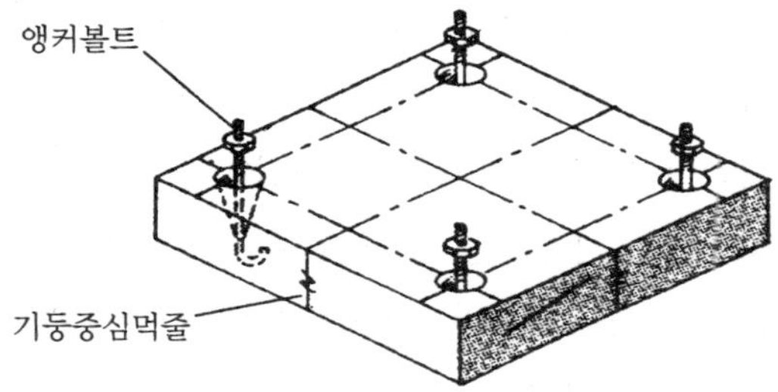

그림 7－25 앵커볼트의 측설

(2) 건축방법

건물을 연직으로 세우기 위하여 철골 기둥의 정상부에서 추를 내려뜨려 자를 이용하여 연직을 확인하든지, 트랜싯을 적당한 위치에 설치하여 기둥의 정상부에서 하부를 지나는 연직의 중심선을 시준하여 연직을 확인한다(그림 7－12 참조). 또 그림 7－26에 나타낸 것과 같이 고밀도의 광학연직기도 이용되고 있다.

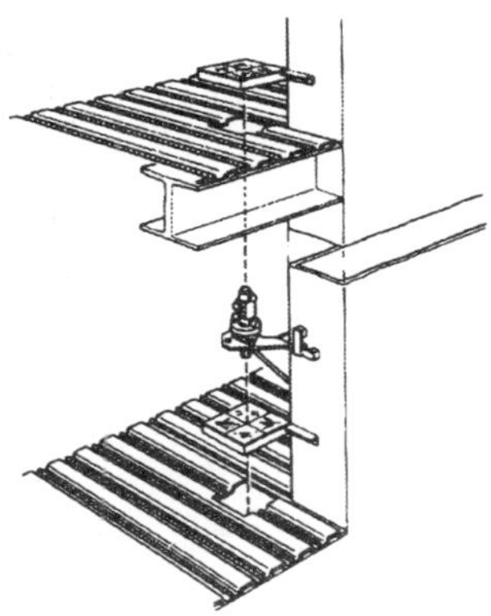

그림 7－26 광학연직기에 의한 건축방식 관리

(3) 건물 세우기 조정

건물 세우기 조정이라는 것은, 건물을 정확성 있게 시공하기 위하여 기둥의 넘어짐이나 비틀어지는 것 등을 측정 수정하는 것이다. 기둥의 넘어짐이나 비틀림의 측정에는 트랜싯이나 추를 이용하게 된다. 건축방법 및 건물 세우기 조정방법에 대해서는 7.5.3항 연직의 측설과 기본적으로는 같은 작업이다(그림 7−11, 7−12 참조).

7.7.12 철근콘크리트조 본체공사의 측설

(1) 기둥 및 벽의 측설

철근콘크리트조의 기둥 및 벽 중심선의 측설은 버림콘크리트면에 직접 먹넣기로 표시하고, 이 중심선을 기준으로서 거푸집을 만들기 위한 기둥이나 벽 두께선이나 철근 위치 등을 측설한다.

그러나 이 중심선이나 기준선은 콘크리트를 타설하면 콘크리트에 매립되기 때문에 공사의 기준이 되는 기둥이나 벽의 중심선은 콘크리트 타설 후에 최하층의 바닥면에 기준먹줄(먹줄 교차점)로 표시한다. 이 기준먹줄은 그림 7−27과 같은 방법으로 위층으로 이동하여 표시한다.

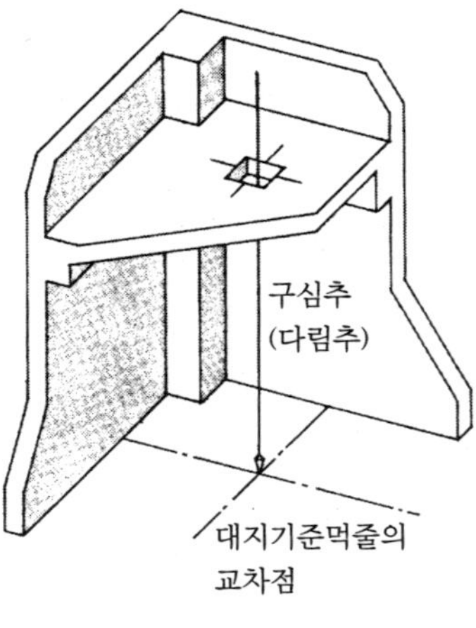

그림 7−27 아래층에서 위층으로의 기준멀줄 방식

(2) 층고

최하층의 바닥 높이는 수준점부터 구하지만, 위층의 층고는 기둥 또는 벽의 철근을 조립하여 형틀을 만들어 철근 위치가 고정되므로 아래층부터 재어 그 층의 층고를 측설한다.

콘크리트타설 후 거푸집을 제거하고 그림 7-27의 구멍으로 추와 줄자를 이용하여 아래층에서 위층으로 바닥 높이를 이동하여 측설한다.

(3) 개구부

기둥 또는 벽의 위치가 정해진 다음, 창이나 출입구 등 개구부 위치를 기둥 또는 벽 중심선으로부터 줄자로 재어 먹넣기로 표시한다. 개구부의 높이는 바닥높이선 또는 기둥이나 벽 중심선으로부터 재어 표시한다.

7.7.13 마감공사의 측설

마감공사는 내부와 외부로 나누어지는데, 내부공사는 바닥, 기둥, 천장 등이며 각각의 마감으로부터 타일공사, 석공사, 목공사, 창호공사 등을 한다. 또 외부는 지붕 및 외벽의 마감에 대해 같은 공사를 한다.

마감공사의 측설은, 우선 마감의 수평방향의 기준선을 바닥높이 선으로부터 레벨 등을 사용하고, 기둥이나 벽면의 먹 넣기로 표시한다. 다음에 연직방향의 기준선을 기둥 등의 연직기준선으로부터 줄자 등으로 재고 추나 트랜싯 등을 이용하여 기둥이나 벽면에 먹 세우기로 표시한다. 마감공사에서는 마감면의 위치를 표시할 수 없는 경우가 많으므로 기준먹줄을 유효하게 사용한다. 그림 7-28에 마감공사의 측설 예로서 타일붙이기 공사의 측설을 나타내었다.

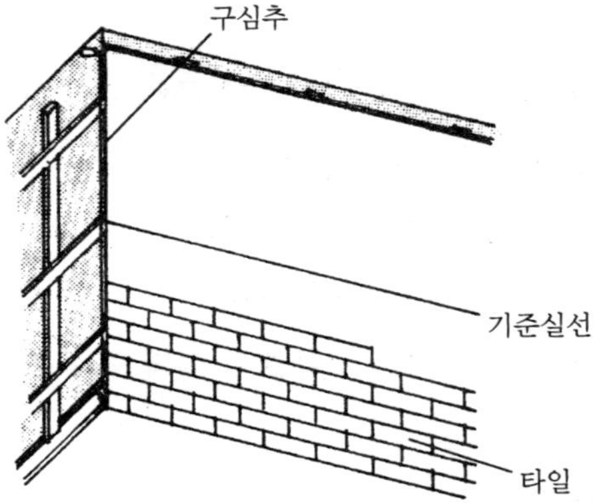

그림 7-28 타일붙이기 공사의 측설

7.7.14 창호공사의 측설

창호형틀의 설치의 측설은 설계도면으로부터 구한 창호의 위치와 치수를 기둥 및 벽의 중심선을 기준으로 하고, 창호형틀의 중심선을 벽에 먹메김으로 측설하고, 좌우의 기준선은 창호형틀의 중심선을 기준으로 벽에 먹메김으로 표시한다. 높이는 바닥높이 선을 기준으로 수평방향으로 먹메김으로 표시한다. 그림 7-29는 새시형틀 설치공사의 측설을 나타낸 것이다.

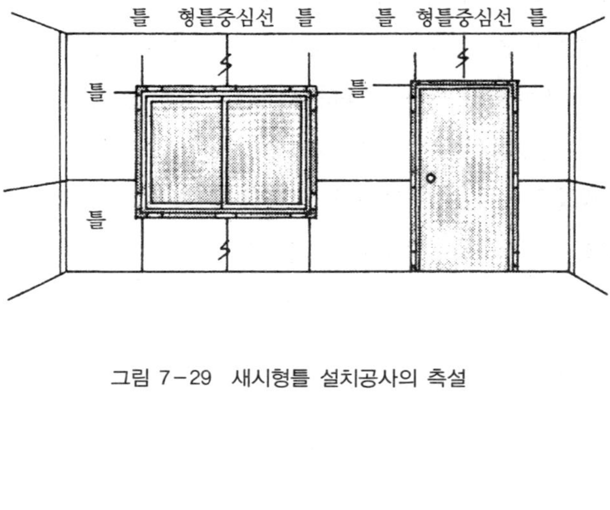

그림 7-29 새시형틀 설치공사의 측설

7.7.15 설비공사의 측설

배수구나 공조 등 배관이나 전기의 배선 등 설비공사의 측설은 본체 공사에서 표기된 기준선 및 벽면의 선을 토대로 실시한다. 설비공사의 경우, 천장 반대면이나 벽내 등 내부에 보이지 않을 경우 그다지 정확성을 요구하지 않지만, 그림 7-30과 같이 구체를 통과하는 경우나 마감면 위에 나타내는 것은 정확하게 측설해야 한다.

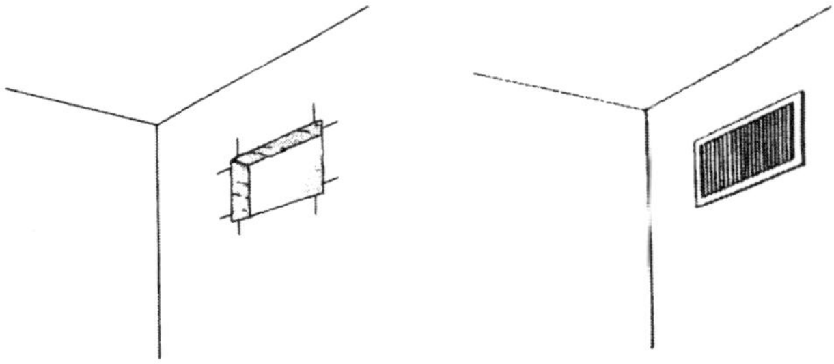

(a) 구체의 통과　　(b) 환기구(마감된 것)

그림 7-30　설비공사의 측설

08

GPS측량과 GSIS의 이해

공사측량은 설계도면이나 시방서 등에 표시된 건물의 위치, 축적, 높이 등의 인공위성을 이용한 GPS 및 GSIS 시스템을 통하여 측량 또는 입체화하는 것이 가능해졌다.

8.1 GPS(Global Positioning System)

8.1.1 GPS의 개요

GPS는 인공위성을 이용한 위치해석체계로서, 정확한 위치를 알고 있는 위성에서 발사한 전파를 수신하여 관측점까지의 소요시간을 관측함으로써 관측점의 위치를 구하는 인공위성을 이용한 범지구 위치 결정 체계이다. GPS는 위성체계 연구, 좌표계와 GPS시간, 위성궤도의 향상 및 수신기술 개발 등이 접목되어, 이를 이용한 다양한 응용연구로 급진전되고 있고 그 정확도도 크게 개선되고 있다. 인공위성을 이용한 측지측량은 1960년대 초에 시작되어 TRANSIT(NNSS) 위성에 의한 도플러 위성의 위치결정으로 발전하였다. 현재 운용 중인 NAVSTAR(Navigation System with Time and Ranging) GPS는 미 공군이 주도하여 개발된 초기 단계의 Block I 위성(1978~1985년 사이에 11기 발사)은 1995년 11월부로 완전히 소진되었다. 현재 GPS위성의 현황은 Block 위성 8개, Block II A

위성 18개 및 BlockIIR위성 1기 등, 총 27개의 위성이 완전 가동 중에 있다. 또한 진보된 새로운 위성들은 레이저 거리측량기보다 정밀한 원자시계 등을 탑재하여 위치결정의 정확도를 한층 더 높여 줄 것으로 기대된다.

8.1.2 GPS측량의 정의

GPS는 인공위성을 이용한 지구 위치 결정 체계로서 정확한 위치를 알고 있는 위성에서 발사한 전파를 수신하여 관측점까지의 거리를 구함으로써 측점의 3차원 위치를 결정하는 방법이다.

기존의 삼각측량방법은 측점간의 시통 및 위치 때문에 많은 어려움을 겪었다.

일반적인 공사 측량은 평지에서 이루어지는 것에 비해 삼각점의 위치는 대부분 산의 정상에 위치해 있기 때문에 측량시마다 이로부터 측량을 시작해야 한다. 또한 표고를 결정하기 위해 독립적으로 수준측량을 해야 한다. 그러므로 측량하는데 많은 인력 및 시간과 경비를 소요하게 되었으나 GPS를 이용하게 되면 짧은 시간 내에 3차원 위치 결정이 가능하다.

물론 실제 적용을 위해서는 좌표계 사이의 변환체계 정립이나 정확도 향상을 위한 것 등 해결해야 할 몇 가지 문제점들이 있다.

8.1.3 GPS의 구성

GPS는 현재 미국 콜로라도에 설치된 종합 통제소에서 관창하고 있다. GPS의 구성은 그림 8-1과 같이 위성에 대한 우주부분, 지상 관제소에서의 통제부분, 측량자가 사용하는 수신기에 대한 사용자 부분으로 나누어진다.

① 우주부분

GPS의 위성 수는 단계적인 발사결과 최종적으로 모두 24개가 되었다. 지구를 둘러싸는 6개의 궤도상에 궤도당 4대씩 (예비 위성 1개) 배치되어 있다(그림 8－2). 이렇게 위성을 배치함으로써 지구상 어디에서나 적어도 4개 이상의 위성으로부터 신호를 수신할 수 있게 된다. 이러한 위성들은 각각 신호를 실은 전파를 지상으로 송신하면서 지구의 주위를 돌고 있다. 위성 궤도의 고도는 약 20,200km(지구 지름의 약 1.5배), 주기는 0.5 항성일 (약 11시간 58분)이다. GPS 개발의 본래목적은 1점 측위이다. 이것은 수신기 1대로 지구상 어디에서나 24시간 내내 자신의 위치 (x, y, z)를 알 수 있다.

GPS 위성은 L밴드 향해 안테나, 분사 모터, S 밴드 안테나, 태양 전지판, 본체로 이루어져 있으며, 무게는 약 500kg~850kg, 크기는 태양 전지판을 포함하여 약 6m에 달한다.

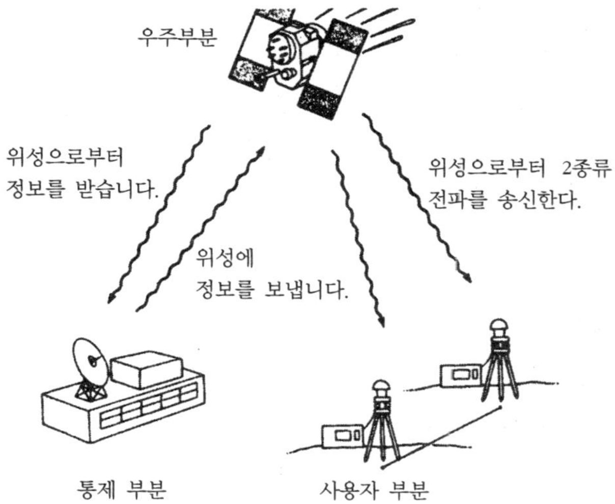

그림 8－1 GPS의 구성

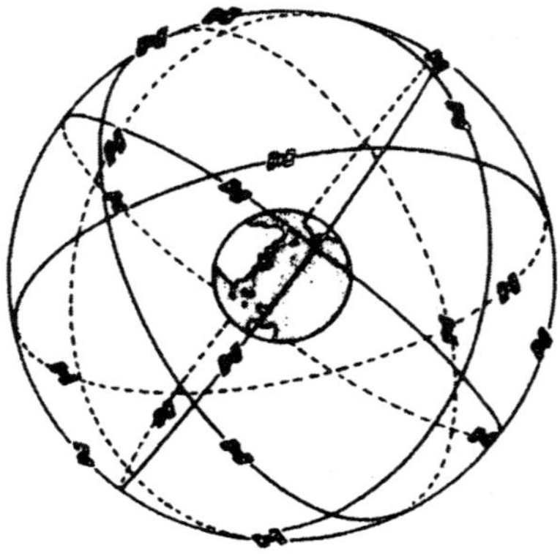

그림 8-2 GPS의 궤도

표 8-1 GPS 위성의 재원

	실 험 기 (Block-1)	실 험 기 (Block-2)
중량	525kg	844kg
크기	533cm	578cm
탑재 시계	루비듐 원자시계 3개	루비듐 원자시계 2개
	세슘 원자시계 1개	세슘 원자시계 2개
수명	5년	7.5년

② 제어부분

위성의 궤도 예측 및 조정, GPS 시간 유지 및 제어, 데이터의 전송, 위성의 작동상태 감독에 관한 사항이다.

GPS 위성의 궤도 정보는 어느 임의의 순간의 위성의 위치를 구하기 위한 데이터로 GPS측량 중에서 가장 중요한 데이터의 하나이다. GPS측량에서는 1점 측위든 간섭계 측위든 수신기로부터 위성까지의 의사 거리를 측정하여 인공위성의 위치를 기준으로 한 수신점의 위치를 계산한다. 따라서 위성까지의 거리 측정이 끝났다 할지라도 기준이 되는 위성의 위치 정보가 기본적으로 정확한 것이 아니라면 측정 데이터에서 계산될 수신점의 위치도 부정확한 것이 된다.

위성의 궤도는 미국 국방부 등의 지상관제센터에 의해 항상 추적, 감시되고 있다. 또한 지상관제센터는 위성 궤도에 대한 정확한 정보를 위성에 송신하여 위성 내의 메모리를 즉시 새로운 내용으로 갱신한다.

위성은 이 메모리의 내용을 지상의 수신기로 송신하면서 지구의 둘레를 돌고 있다. 결국 GPS 측량에서는 위성의 전파를 수신하기만 하면 최신 데이터에 의한 정확한 위성 궤도의 정보를 얻을 수 있게 되어 있다.

③ 사용자부분

GPS수신기와 안테나와 자료 처리 소프트웨어로 구성되어 있으며 GPS 위성으로부터 신호를 수신하여 키를 컴퓨터상에서 관련 소프트웨어를 이용, 처리하여 안테나의 위치를 결정한다.

8.1.4 GPS위성의 신호

GPS위성은 위성시계의 발진을 통한 L파장대 주파수를 이용하여 1575.42MHz의 주파수를 가진 L1과 1227.60MHz의 주파수를 가진 L2등 두 개의 신호를 전송한다. L1 및 L2신호는 위성의 위치계산을 위한 Keplerian요소와 자료신호를 포함한다. 이중주파수 GPS는 그 시간체계를 세계시(Universal Coordinated Time : UCT)와 연관시키며, 전리층에 대한 보정을 실시하여 굴절보정(refraction correction)이 가능하게 하는 정보를 포함하고 있다. L1에는 C/A코드(Coarse/Acquisition code)와 P코드(Precision code)를 변조할 수 있지만, L2에서는 P코드만을 변조 할 수 있다. C/A코드와 P코드는 각각 반복주기가 1ms(milli−second)와 7일인 의사난수 이진배열(pseudo−random binary sequence)이다. 이들 코드는 반송파의 180° 주기 변화에 의한 이진 이중위상 변조(binary biphase modulation)기법에 의해 생성된다. P코드는 10.23MHz의 주파수를 가지는데, 이는 매초 30m의 파장으로 107의 이진부호가 전송되는 양이다.

또한 C/A코드는 P코드의 1/10의 주파수를 가지므로 300m의 파장을 가진다. 또한 이온층에 의한 지연을 제거하기 위해서 L1과 L2의 조합을 이용하거나 상업용 신호로서 L4가 현재 계획중에 있다. 미국은 일반 사용자, 특히 적국이 군용으로 GPS를 이용하는 것을 방지하기 위하여 고의로 신호의 정확도를 떨어뜨리기 위해서 선택적 가용성(Selective Availability : SA)과 코드암호화(Anti-Spoofing : AS)기법을 이용한다. SA는 위성에 탑재된 원자시계의 주기를 고의적으로 부정확하게 만들어서 사용자가 위성까지의 거리를 관측하는데 오차가 생기도록 하는 방법으로서, 천체 위치표에 의한 자료(ephemeris data)와 위성시계 자료의 조작을 통해 이루어진다. SA는 1990년 3월 25일부터 모든 Block II 위성에 적용되었으며, SA에 의한 정확도의 감소는 상대위치 해석이나 DGPS기법에 의해 효과적으로 제거된다. 또한 AS는 군사목적의 P코드를 적의 교란으로부터 방지하기 위하여 암호화시키는 기법으로서, 이 암호를 풀 수 있는 수신기를 가진 사용자만이 위성신호를 수신할 수 있다.

8.1.5 DGPS(Differential GPS)

위성으로부터의 항법신호는 L1과 L2의 반송파를 수신함으로써 얻을 수 있으며, L1반송파는 C/A코드와 P코드로 변조되며, L2반송파는 P코드만으로 변조된다. 수신된 신호는 위성시계의 오프셋, 수신기 시계의 오프셋, 위성신호가 통과하는 전리층이나 대류권에서 전파의 지연으로 인한 시간차, SA 등에 의해서 정확도가 떨어지게 된다. 위성시계와 수신기 시계의 오프셋은 항법정보에 대한 보정 및 위치 계산과정에서 구할 수 있다. 현재 일반에 무료로 제공되는 GPS의 표준 위치해석 서비스인 SPS(Standard Positioning Service)는 SA가 없는 상태에서 30~50m 정도의 위치해석 오차를 발생시키며, SA가 작동중일 때에는 약 100m의 위치해석 오차를 발생시킨다. 그러나 다양한 응용분야에서 요구되는 위치정확도로 만족시킬 수 없기 때문에, 이러한 문제점을 해결하기 위해서

DGPS(Differential GPS : DGPS)기법이 개발되었다.

DGPS는 이미 알고 있는 기지점의 좌표를 이용하여 오차를 최대한 줄여서 이용하기 위한 위치결정방식으로, 기지점에서 기준국(Reference station)용 GPS수신기를 설치, 위성을 관측하여 각 위성의 의사거리(pseudo range)보정 값을 구하고 이 보정 값을 이용하여 이동국(mobile station)용 GPS수신기의 위치결정 오차를 개선하는 위치결정형태를 DGPS라고 한다.

DGPS기법을 이용하면 CA 코드방식인 경우 SPS의 위치 정확도를 100m에서 10m 미만으로 크게 향상시킬 수 있다. 실시간 DGPS인 경우, 기준국의 보정치를 무선으로 이동국에 송신, 입력시켜 의사거리 보정 후 위치를 계산, 표시하게 된다. 또는 후처리(post processing)방식의 경우, 양국에서 수신한 자료를 컴퓨터에서 보정하여 이용한다.

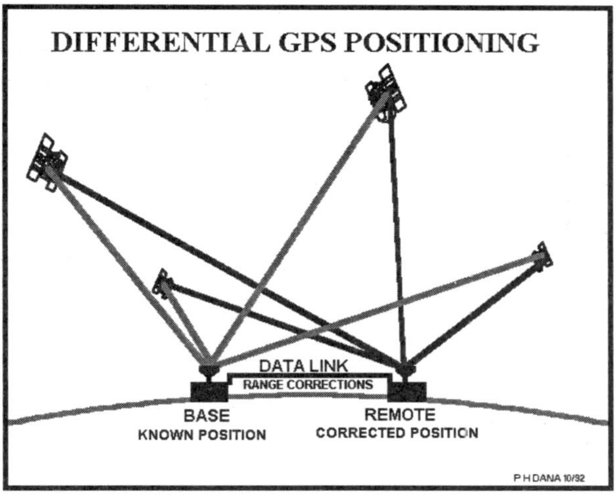

그림 8-3 DGPS에 의한 위치결정

8.1.6 GPS Error Source

GPS에러는 그림 8-4와 같이 노이즈, Bias 그리고 Blunder들이 주 원인으로 발생한다. 노이즈에 따른 Error들은 PRN Code(약 1m)와 Receiver

의 노이즈(약 1m) 때문에 발생하게 된다. Selecetive Availity(SA)와 다른 원인들이 주된 요인이 되는 Bias Error도 Error의 원인이 된다. SA는 미국군사용과 미국정부사용자가 아닌 사용자에게 DOD에서 계획적으로 정확도를 떨어뜨리는 것이다. 그래서 약 30m의 오차가 약 100m정도로 커지게 된다.

Bias Error를 일으키는 다른 원인은 다음과 같다.

- 제어부문에 의해 교정되지 않은 SV Clock Error들.(약 1m의 오차)
- Ephemeral Data Errors(약 1m)
- 대류권의 지연(약 1m)
- 이온층(산란)Delay(10m). 이 이온층은 지상 50km에서 500km 사이에 위치한 이온화된 공기층
- Multipath(약 0.5m)

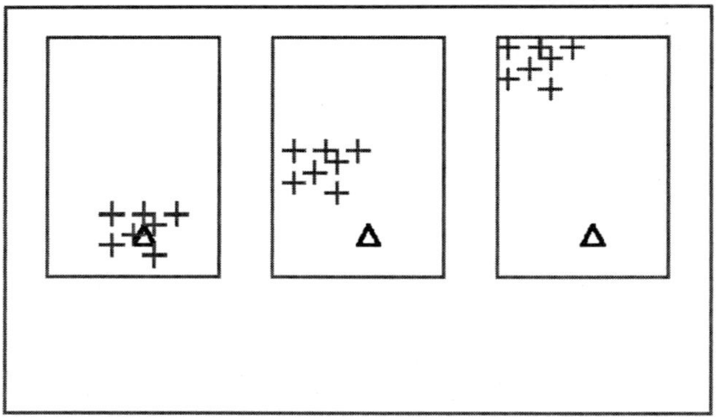

그림 8-4 GPS Error

페이딩(Multipath)효과는 위성으로부터 직선으로 나오는 신호의 오차이거나 수신기 주위의 지면에서 반사되는 신호에 의한 다중경로 오차이다. 다음으로 에러발생의 원인이 되는 것이 Blunder인데 이 때문에 몇 백km의 오차가 발생할 수 있다. 컴퓨터의 오동작, 사용자의 실수 그리고 수신기 상에서 소프트웨어 또는 하드웨어상의 에러가 주된 원인

이다. 또한 앞에 설명한 GPS에러로 인해서 위성으로부터 수신기까지의 오차가 포함된 거리, PR(Pseudo-Rang, 의사거리)이 발생하여 정확한 위치 표현의 장애가 된다.

8.1.7 GPS 측량방법

(1) 1점 측위(point positioning)

수신기 1대를 이용하여 위치 결정할 수 있는 방법으로 정확도는 좋지 않은 편이다. 3차원 위치 결정을 위해서는 시간 오차도 미지수에 속하므로 모두 4대의 위성으로부터 수신하여야 한다.

이 방법의 원리는 위성과 수신기 사이의 의사 거리를 계산하여 위치를 결정하는 것으로 다음과 같이 계산된다.

[위성과 수신점 사이의 의사 거리] = 전송시간 × 전파의 속도 (3-63)

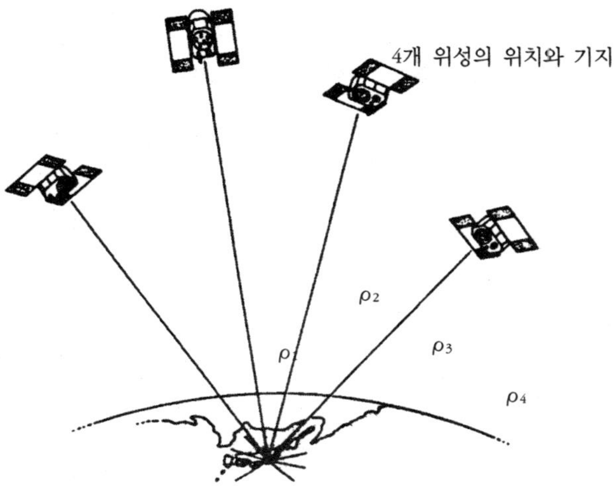

그림 8-5 GPS에 의한 1점 측위의 원리

여기서, 전송시간이 란 위성에서 수신점까지의 전파의 전송시간을 의미하며 지상 수신점에서 임의의 C/A코드를 수신한 시각에서 우주 공간 위성에서 그 코드를 송신한 시각을 빼면 된다. 결국 그림 8-5에서 위성으로부터 관측점까지의 거리 ρ_1, ρ_2, ρ_3, ρ_4를 구하게 되고, 각 위성을 중심으로 ρ_1, ρ_2, ρ_3, ρ_4를 반지름으로 하는 원호의 교차점이 구하고자 하는 위치가 된다.

(2) 상대측위(relative positioning)

① 정적 측량

그림 8-6과 같이 수신기를 계속 고정한 상태로 관측하는 방법이다. 수신기 한 대는 기지점에 설치하고 다른 한 대는 미지점에 설치하여 측량한다.

1점 측위의 경우에는 C/A 코드나 P 코드를 사용하여 수신점과 위성 사이의 거리를 측정하므로 정확도가 높지 않다. 그러나 L_1, L_2전파의 위상차 관측을 이용하여 측량하게 되면 훨씬 정확한 결과를 얻을 수 있다.

이는 4대의 위성으로부터 동시에 두 대의 수신기에 전파가 수신되어야 하며, 이 중 한 대의 수신기를 이미 알고 있는 기지점에 세운다면 다른 한 점의 위치를 매우 정확하게 결정할 수 있다. 이 경우 임의점의 위치를 결정하기 위해 위성의 기하학적 배치상태가 좋은 시간을 골라 계획해야 하며, 정확도가 높은 성과를 위해서는 여러 조건을 고려하여 적절한 계획을 세우는 엇이 중요하다.

② 동적 측량

수신기를 들고 다니며 측량작업을 하는 방법으로 수신기 한 대는 기지점 위에 설치하고, 다른 수신기를 들고 많은 미지점 상에 일정 시간(수 초~수 분)동안 세워 수신을 한다. 단, 이동하는 동안에도 위성으로부터의 전파 수신은 계속되어야 한다. 위주로 지형 측량에 이용할 수 있다.

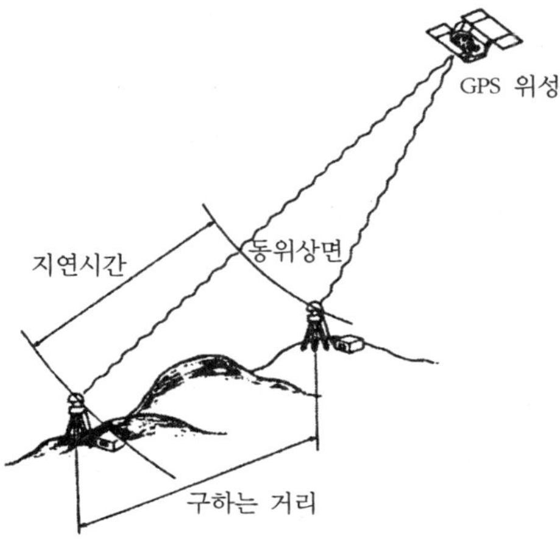

그림 8-6 간섭 계측위 중 적정 측량의 개념도

8.2 GPS의 이용법 분류

(1) 단독측위

4개의 위성으로부터 L1대의 신호를 동시에 받아서 신호 가운데 C/A 코드를 이용하여 실시간 처리로 위치를 구한다. 정도는 100m 정도, 항공기, 선박, 자동차, 등산객 등의 위치 확인에 이용되고 있다. 측량에서 필요한 정도에는 못하지만 L1, L2대의 2개 파를 수신하고, 군용의 퍼스널컴퓨터를 이용한 경우에는 16m 정도의 정도가 나온다.

(2) 상대측위

복수(2개 이상)의 수신기로 동일 위성의 조(4개)를 동시에 관측한다. 각 수신기로 수신한 데이터를 해석해서 각 측점간의 상대적인 위치관계를 구한다. 온라인 처리를 원칙으로 한다.

8.2.1 디퍼런셜방식(Differential GPS)

두 곳에서 동시에 단독측위를 해서 얻은 좌표식의 차에 의해서 기선

벡터(두 점간의 거리와 방향)를 구한다. 이 방식은 위성의 궤도오차와 원자시계에 따른 오차는 2개의 지점에서 등량(等量)이 되고, 지구대기와 전리층에 따른 오차는 2점간의 거리가 그다지 크지 않은 장소는 비슷한 것을 이용해서, 2지점에서 측정한 좌표치의 차를 구하는 것보다 이들 오차를 상쇄할 수 있기 때문에 수개의 정확도를 얻을 수 있다.

8.2.2 정적간섭방식(Static Positioning)

이 방식도 상대측위방식의 일종이지만 DGPS와 크게 다른 점은 단독측위용 수신기를 그대로 사용하는 것이 아니라, 반상파위상 적산회로가 있는 수신기를 사용하여 위상차관측에 의한 기선벡터를 구하는 것이다. 측정방법은 측정하려는 복수의 측점에 수신기를 배치하고, 모든 측점 동시에 4개 이상의 GPS위성의 전파를 30분~수 시간 동안 수신한다. 수신한 데이터를 센터에 되돌려 보내고, 컴퓨터로 처리해서 기선의 벡터를 구한다. 정도는 1cm+(기선장)/106 정도, 정밀 측지망과 공사용 기준점들의 기선 측량용이 있다. 측점간의 거리는 최대 100km까지다. 최소거리에는 제한이 없다. 기선장이 5km 이상이 되고, 전리층의 영향을 제거하기 위해서 2주파수형의 수신기가 필요하다.

① 간섭법이란

2점간의 거리를 일정 파장의 파의 수를 구하여 계측하는 방법으로서 현재 GPS위성으로부터 보내지는 반송파의 파장을 λ, 위성과 수신점 사이에 포함된 반송파의 수를 N이라 하면, 2점간의 거리는 $N \cdot \lambda$가 된다. 파의 수는 일반적으로 (정수부 n)과 (1파장 이하에 대응하는 단수부)로부터 가능하다. 단수부는 반송파의 위상각 φ를 전기적으로 계측하고 $(\phi/2)$로 받게 된다. 이러한 파의 개수는 $N = n + (\phi/2)$이 된다. 또 C를 관속, dT와 dt를 각각 위성과 수신기에서의 시계 오차로 하면, 시각의 오차에 의해 $C(dT + dt)$의 거리 오차가 생긴다. 이것은 순간적으로 존재하는 GPS위성과 수신점간의 거리 R은 차이가 있음을 나타낸다.

$$R = \{n + (\phi/2\pi)\} \cdot \lambda + C(dT + dt)$$

8.2.3 키네마틱 방식(Kinematic Positioning)

기준이 되는 점에 있는 1대의 수신기를 고정국, 다른 수신기를 이동국으로 해서 이동국은 순차로 이동하면서 각 측점에 놓고 수 초~1분정도(최근에는 1초) 정지하고 수신하는 방식, 이동 중에는 계속 4개 이상의 위성전파를 수신해 받는 것이 필요하다. 수신이 끊어져서 전후의 상관관계를 잃어버렸을 경우에는 한번 전에 측정한 점을 되돌려서 다시 측정한다.

다수의 수신기로 측점을 분담하면 능률이 오른다. 이동국의 수신데이터를 무선 등으로 고정국에 전송해서 계산 처리하면 실시간에 가까운 상태로 결과를 얻을 수 있다. 키네마틱 방식은 단시간에 많은 점을 관측할 수 있게 하기 위해서 공사측량 등에 응용된다.

8.2.4 의사 키네마틱 방식

정적측량방식과 키네마틱 측위방식의 중간적 방법으로서 1점 부근에 최초 10분 정도 정적간섭측위를 이용하고 그 후 60분 정도 경과하고 난후 10분 정도 정적간섭측위 사용한다. 그리고 60분 정도의 기다리는 시간에는 다른 측점의 측정을 할 수 있다.

8.3 GSIS(Geo-Spatial Information System)

8.3.1 GSIS의 개요

인류문명이 급속히 발전됨에 따라 다변해 가는 각종 정보를 신속하고 정확하게 처리해야 하는 현대인에게 각종 정보의 종합적이고 체계적인 관리를 위한 지형공간정보체계의 효용성은 산업사회의 발달과 함께 날로 증가되고 있는 추세이다.

지형공간정보체계(Geo-Spatial Information System; GSIS)는 제반 지구과학적 현상의 특성, 또는 분포를 어떤 현상의 발생영역과 공간적·시각적 위상관계를 고려하여 처리·해석하는 정보체계, 즉 지구 및 우주공간에 관련된 과학(Geo-science)적 정보에 중점을 둔 정보체계로서 토지, 자원 및 환경 등에 관련된 다양한 정보를 그들의 특성에 따라 공간적인 위치를 나타낼 수 있도록 입력, 저장하여 컴퓨터에 의해 종합적, 단계적으로 처리함으로써 여러 가지 목적에 맞게 활용, 분석 및 출력할 수 있는 정보체계이다.

8.3.2 GSIS의 주요 구성요소

일반적으로 지형공간정보체계를 구축하고 활용하기 위해서는 기본적으로 세 가지 구성요소, 즉 컴퓨터의 기계적 장치를 포함하는 하드웨어, 하드웨어를 기반으로 하여 지형공간정보체계에서 필요로 하는 기능을 제공하는 소프트웨어 그리고 각종 자료의 효율적 관리를 위한 공간 데이터베이스이다.

(1) 컴퓨터 하드웨어

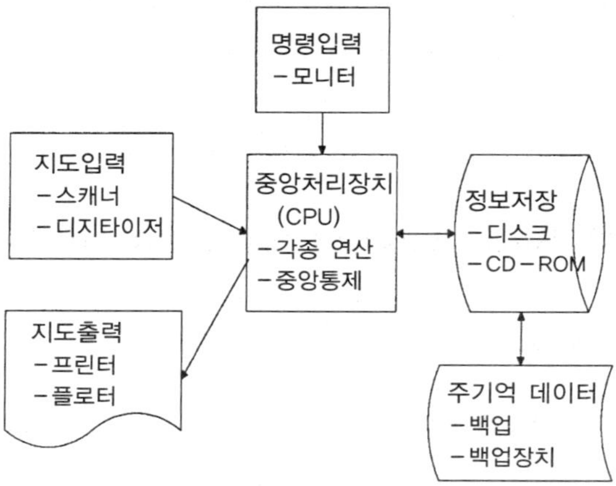

그림 8-7 하드웨어 주요 구성요소

컴퓨터의 플랫폼을 구성하는 하드웨어는 중앙처리장치(CPU), 기억장치(memory), 입출력장치(I/O) 등을 포함한다. 지형공간정보체계 기술의 발달과 그로 인한 급속한 보급에 있어 컴퓨터 하드웨어의 발전이 절대적으로 기여하였다. 최근에는 중앙집중형의 컴퓨터시스템의 구축보다는 컴퓨터 전송망을 이용한 분산형 시스템의 구축이 많이 보급되고 있다.

(2) 컴퓨터 소프트웨어

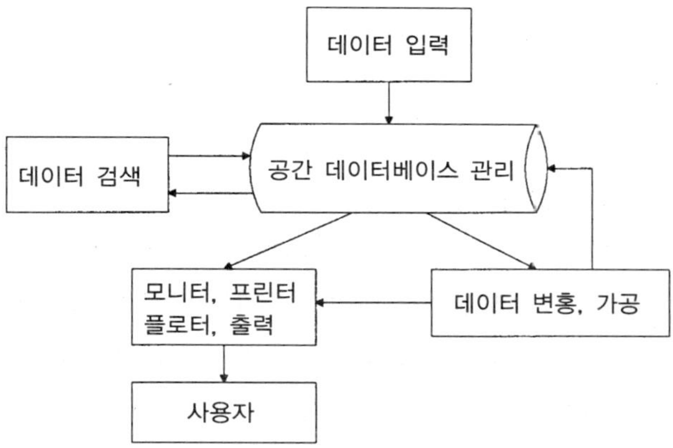

그림 8-8 소프트웨어 주요 구성요소

소프트웨어는 지형공간정보의 입력, 편집, 검색, 추출, 분석 등을 위한 컴퓨터 프로그램의 집합체이다. 지형공간정보체계의 운용을 위한 소프트웨어의 주요구성은 자료의 입력 및 검색, 자료의 저장 및 데이터베이스 관리, 자료의 출력과 도식, 자료의 변환, 사용자와의 연계 등으로 나누어진다.

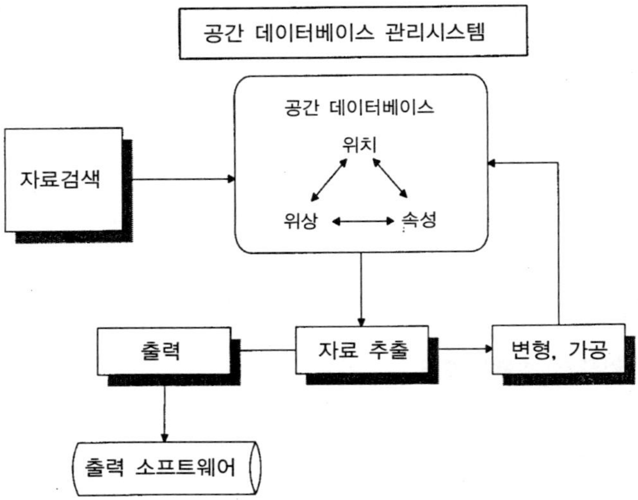

그림 8-9 공간 데이터베이스의 주요 구성요소

(3) 공간 데이터베이스

공간 데이터베이스는 지형공간정보체계에서 사용되는 도형과 속성 자료를 합친 모든 정보를 입력하여 보관하는 정보의 저장소이다. 수치지도의 형태로 공간 데이터베이스에 저장된 각종 정보는 정보의 검색과 수정 및 보완, 분석을 위한 추출에 용이하도록 도형자료와 속성자료가 서로 효율적으로 연결되어야 한다. 또한 광범위한 내용을 갖춘 정보임에도 불구하고 항상 빠르고 손쉬운 정보의 검색이 가능하도록 사용자에게 편리함을 제공해야 한다. 공간데이터베이스 내의 도형자료는 위치와 위상, 속성과 관련된 정보를 갖는다.

8.3.3 자료생성

(1) 지도의 특성

GSIS에서 사용될 수 있는 자료의 생성원은 다양하나 기본적으로 지도상에 내재되어 있는 자료의 분석을 근본으로 한다. 따라서 지도상에 표기된 자료의 정확하고 효율적인 입력이 가장 중요하다.

① 지도의 정의

지도는 지구상의 표면에 존재하거나 관계되어 있는 사물의 특징을 선발하여 평면상에 일정 축척을 이용하여 묘사한 것이다. 따라서 지도는 현실세계에서 존재하는 많은 정보 중 필요한 것을 선택하여 특성에 따라 분류하고 시각적 이해를 돕기 위해 단순화 시킨다. 또한 지도는 실물의 크기가 작아 지도상에 나타낼 수 없는 요소들에 한하여 특징별로 나누어 강조하고, 필요에 따라 상징화한다.

표 8-1 지도의 유형

구 분	종 류
기본도	지형도, 지적도, 해도
주제도	국토종합개발계획도, 국토이용계획도, 토지이용현황도 도시계획도, 지하매설물도, 개발제한구역도, 수도권정비계획도, 토양지질도, 농지이용계획도, 도로현황도, 산지이용계획도, 식생도, 임야도, 상하수보호구역도, 지번현황도 등

② 지도의 유형

지도는 일반적인 분류로서 기본도와 주제도로 구분된다. 기본도(base map)란 일상의 생활에 기본적으로 가장 많이 사용되는 정보를 나타내는 지도를 의미하며 지형도와 지적도가 대표적이다. 지형도(topographic map)는 지표면의 자연 및 인공적인 지형지물, 도로 등을 수평 또는 수직으로 관측하여 일정 축척과 도식으로 나타내며, 지적도(cadastral map)는 토지의 소유권과 필지의 경계 및 관련 각종 정보를 나타낸다. 주제도(thematic map)는 특정주제에 관한 사항을 강조하여 나타내는 지도로서 도시계획도, 시설물도, 임야도, 식생도 등 다양한 종류를 들 수 있다.

③ 축척과 투영

• 축척(Scale) : 축척은 지도상의 거리와 실제 거리의 비율을 나타낸

다. 즉 1:50,000의 지도에서 1cm는 실제 거리로는 500m를 나타낸다. 일반적으로 대축척은 소축척보다 동일한 지역에 대하여 상세한 정보를 많이 포함하고 있는 반면에 도엽수가 많아지므로 지도의 축척을 선정시 항상 경제성을 고려해야 한다.

• 투영(Projection) : 투영이란 지구상의 곡면을 2차원 평면에 나타내기 위한 방법으로 크게 두 가지로 구분된다.

가. 등적투영법(Equal area projection) : 지표면에 존재하는 각각의 주제가 지닌 실제 면적에 비례하여 지도상에 각각의 주제에 관한 면적을 배분하는 방식이다. 면적을 중요하게 여기는 응용분야에서 많이 사용되며 GSIS에서도 많이 사용된다.

나. 등각투영법(Conformal projection) : 면적보다는 형태나 형상을 강조하는 방식으로 지표면의 형상을 그대로 지도상에 나타내며 항해에 유용하게 쓰인다.

(2) 수치지도

GSIS의 구축을 위하여 컴퓨터에 입력된 모든 지리정보는 적절한 출력을 통하여 지도와 동일한 형태 및 특성을 가질 수 있으며 기존 지도의 기능을 할 수 있는데, 이렇게 컴퓨터를 이용하여 생성된 지도를 수치지도라 한다. 수치지도는 지도제작 비용이 저렴하며 제작속도가 빠르다. 또한 출력 시에 축척과 투영법 등의 손쉬운 변환을 통해 사용자의 요구사항을 최대한 만족할 수 있다는 장점이 있다. 특히 자료분석을 위한 기능의 제공에 있어서 수치지도는 면적의 정확한 측정과 다양한 공간 자료의 해석기법을 제공할 수 있고 지도상의 지역을 확대 혹은 축소하거나 3차원의 실시간 해석기능의 제공 역시 가능하다.

8.3.4 GSIS의 활용

(1) 토지정보체계(LIS ; Land Information System)

토지정보체계는 지형분석, 토지의 이용, 개발, 행정, 다목적 지적 등

토지자원 관련문제 해결을 위한 정보분석체계이다. 토지정보체계를 이용하여 다목적 국토정보체계 구축, 건설계획과 환경보호의 조화를 이룬 최적계획 수립, 발전소 위치 설정계획, 수치지형 모델(DTM ; Digital Terrain Model)을 이용한 지형분석 및 경관정보 추출을 할 수 있다. 또한, 등기부의 자료 기반화와 고정자산 정보관리를 할 수 있는 토지부동산 정보관리체계 및 다목적 지적정보체계도 구축할 수 있다.

(2) 도시 및 지역정보체계 (UIS/RIS;Urban and Regional Information System)

도시정보체계는 도시계획 및 도시화 현상에서 발생하는 인구, 자원 및 교통의 관리, 건물면적, 지명, 환경변화 등에 자료를 다루는 체계로 도시현황 파악 및 도시계획, 도시정비, 도시기반시설 관리를 효과적으로 할 수 있다.

(3) 도면자동화 및 시설물 관리 (AM/FM;Automated Mapping and Facility Management)

도면자동화는 전산 도형해석을 이용한 소프트웨어를 이용하여 지형정보를 생성, 수정 및 합성하여 시설물 관리를 효과적으로 하기 위한 체계이다. 도면자동화는 지도자료, 시점 또는 축척 등의 다양한 도면에 대한 정보를 조합하여 출력할 수 있는 체계이다.

도면자동화란 수치적 방법에 의한 지도제작 공정 자동화에 중점을 두는 것으로 주로 관련시설물 관리를 위한 기본도 및 현황도 제작과 대축적 지도제작에 중점을 둔다. 이러한 도면자동화를 기본으로 하여 상수도시설 관리체계, 가스시설 관리체계, 하수도시설 관리체계, 전화시설 관리체계, 전력시설 관리체계, 도로시설 관리체계, 공항시설 관리체계 등을 효율적으로 관리할 수 있다.

(4) 교통정보체계(TIS ; Transportation Information System)

교통정보체계를 이용하여 육상교통관리, 항공교통관리, 교통계획 및 교통영향평가를 할 수 있으며 교통량, 노선연장, 운수업, 화물수송량, 도로보수공정, 도로완공 일정 등을 효과적으로 관리할 수 있다.

(5) 환경정보체계(EIS ; Environmental Information System)

환경정보체계는 대기오염정보, 수질오염정보, 고형폐기물처리정보, 유해폐기물위치평가와 관련된 전산정보체계를 환경정보체계라 한다. 환경정보체계를 이용하여 산업체 입지분포, 풍향, 지형특성 등을 고려한 대기오염 예측 및 분석을 할 수 있으며 하천수계별 수질오염분석, 화력 및 원자력발전소 냉각수의 온도확산 분포조사, 오염물 확산평가, 산업쓰레기, 고형폐기물처리를 위한 소각장, 매립장, 입지선정 및 영향평가, 원격탐측과 공간분석기법을 이용한 유해 폐기물 위치평가, 골프장 건설에 의한 자연환경, 생활환경, 생태계, 경관변화 예측 및 영향평가대책 수립을 체계적으로 할 수 있다.

(6) 자원정보체계(RIS; Resource Information System)

자원정보체계는 농산자원정보, 삼림자원정보, 수자원정보 등과 관련된 정보체계를 자원정보체계라 한다. 자원정보체계를 활용하여 위성영상과 지형공간정보기법을 활용한 농산물 작황조사, 병충해 피해조사 수확량 예측, 수목 성장도, 수종별 분포, 상수도, 저수지 용량 등을 고려한 수자원 모형 수립 등의 대책을 세울 수 있다.

(7) 재해정보체계(DIS; Disaster Information System)

재해정보체계는 홍수방재체제 수립, 지진방재체제 수립, 민방공체제 구축, 산불방재대책 수립 시에 필요하다. 강수량, 토질, 사면경사, 골프장 시설물 건설에 따른 지형변화 등을 고려한 산사태 방재대책, 인공위성 영상분석에 의한 핵 누출사고 탐지 및 경보, 방사능 물질 운송경로 추적 및 영향평가, 원자력발전소 위치 선정 및 방사능 오염 모의 관측 등도 할 수 있다.

(8) 기상정보체계(MIS; Meteorological Information System)

기상정보체계는 인공위성 영상분석에 의한 기상변동 추적 및 장기간 일기예보체계 구축, 기후 및 기상관측의 자료전송 조직망 구성, 기상정보의 실시간처리체계 구축, 농업기상정보, 어업기상정보, 등산 및 낚시 등을 위한 여가활용 기상정보 등이 있다.

삼각관수의 공식

공식 1

Ⅰ) $\sin\alpha \cdot \mathrm{cosec}\,\alpha = 1$, $\cos\alpha \cdot \sec\alpha = 1$, $\tan\alpha \cdot \cot\alpha = 1$

Ⅱ) $\tan\alpha = \sin\alpha/\cos\alpha$, $\cot\alpha = \cos\alpha/\sin\alpha$

Ⅲ) $\sin^2\alpha + \cos^2\alpha = 1$, $1 + \tan^2\alpha, = \sec^2\alpha$, $1 + \cot^2\alpha = \mathrm{cosec}^2\alpha$

공식 2

Ⅰ) $\sin(\alpha + 2n\pi) = \sin\alpha$

Ⅱ) $\cos(\alpha + 2n\pi) = \cos\alpha$

Ⅲ) $\tan(\alpha + 2n\pi) = \tan\alpha$

(n : 정수)

공식 3

Ⅰ) $\sin(-\alpha) = -\sin\alpha$

$\cos(-\alpha) = \cos\alpha$

$\tan(-\alpha) = -\tan\alpha$

Ⅱ) $\sin(\pi/2 - \alpha) = \cos\alpha$

$\cos(\pi/2 - \alpha) = \cos\alpha$

$\tan(\pi/2 - \alpha) = \cot\alpha$

Ⅲ) $\sin(\alpha + \pi/2) = \cos\alpha$

$\cos(\alpha + \pi/2) = -\sin\alpha$

$\tan(\alpha + \pi/2) = -\cot\alpha$

Ⅳ) $\sin(\pi - \alpha) = \sin\alpha$

$\cos(\pi - \alpha) = -\cos\alpha$

$\tan(\pi - \alpha) = -\tan\alpha$

Ⅴ) $\sin(\alpha + \pi) = \sin\alpha$

$\cos(\alpha + \pi) = -\cos\alpha$

$\tan(\alpha + \pi) = \tan\alpha$

중요정리 · 공식

(1) 가법정리

정리 1	$\sin(\alpha \pm \beta) = \sin\alpha\cos\beta \pm \cos\alpha\sin\beta$ $\cos(\alpha \pm \beta) = \cos\alpha\cos\beta \pm \sin\alpha\sin\beta$ (복합동순)

정리 2	$\tan(\alpha \pm \beta) = \dfrac{\tan\alpha \pm \tan\beta}{1 \mp \tan\alpha\tan\beta}$ (복합동순)

(2) 배각 · 반각의 공식

배각의 공식	I) $\sin 2\alpha = 2\sin\alpha\cos\alpha$ II) $\cos 2\alpha = \cos^2\alpha - \sin^2\alpha = 2\cos^2\alpha - 1 = 1 - 2\sin^2\alpha$ III) $\tan^2 = \alpha = \dfrac{2\tan\alpha}{1-\tan^2\alpha}$

삼각의 공식	$\sin 3\alpha = 3\sin\alpha - 4\sin^3\alpha$ $\cos 3\alpha = 4\cos^3\alpha - 3\cos\alpha$ $\tan 3\alpha = \dfrac{3\tan\alpha - \tan^3\alpha}{1 - 3\tan^2\alpha}$

반각의 공식	$\sin^2\alpha/2 = 1/2(1-\cos\alpha)$ $\cos^2\alpha/2 = 1/2(1+\cos\alpha)$ $\tan^2\alpha/2 = (1-\cos\alpha)/(1+\cos\alpha)$

(3) 화 · 적의 변환공식

공식 1

$$\sin\alpha\cos\beta = 1/2\{\sin(\alpha+\beta)+\sin(\alpha-\beta)\}$$

$$\cos\alpha\sin\beta = 1/2\{\sin(\alpha+\beta)-\sin(\alpha-\beta)\}$$

$$\cos\alpha\cos\beta = 1/2\{\cos(\alpha+\beta)+\cos(\alpha-\beta)\}$$

$$\sin\alpha\sin\beta = 1/2\{\cos(\alpha+\beta)-\cos(\alpha-\beta)\}$$

공식 2

$$\sin\alpha+\sin\beta=2\sin\frac{\alpha+\beta}{2}cos\frac{\alpha-\beta}{2}$$

$$\sin\alpha-\sin\beta=2\cos\frac{\alpha+\beta}{2}sin\frac{\alpha-\beta}{2}$$

$$\cos\alpha\times\cos\beta=2\cos\frac{\alpha+\beta}{2}cos\frac{\alpha-\beta}{2}$$

$$\cos\alpha-\cos\beta=2\sin\frac{\alpha+\beta}{2}sin\frac{\alpha-\beta}{2}$$

인용문헌 및 참고자료

1. 건축텍스트 시리즈 「圖設 建築測量」, 藤井衛, 伊集院博, 千葉一雄 著, 産業圖書株式會社
2. 건축측량, 손화열, 기문당
3. 고등학교 측량, 충남대학교, 공업교육연구소, 교육부
4. 측량학, 中村英夫 , 村井俊治, 技報堂出版社
5. 건축학용어사전, 일본건축학회 편, 岩波書店

찾아보기

ㅊ

ㅋ

ㅌ

ㅍ

ㅎ

기타

편저자

정영배
인하대학교 건축공학과 졸업
동경대학 대학원 건축연구과 석사과정 졸업(공학석사)
동경대학 대학원 건축연구과 박사과정 졸업(공학박사)
삼성건설기술연구소, 기술연구팀 선임연구원 역임
현재 한국국제대학교 실내건축디자인학과 교수

한천구
충남대학교 대학원 건축공학과 공학박사
일본 북해도대학 Post Doctoral Fellowship 연수
건축시공기술사, 건축품질시험기술사
대한건축학회 재료위원장
한국콘크리트학회 편집위원장
한국건축시공학회 부회장, 한국순환자원학회 부회장
현재 청주대학교 이공대학 건축공학과 교수

이학기
동아대학교 공학박사
한국건설관리학회 영남지회 회장
대통령 자문 건설기술 · 건축문화 선진화위원회 위원
건축시공기술사, 건축품질시험기술사
현재 동아대학교 건축학부 교수

이상범
서울시립대 건축공학과 졸업
서울시립대 대학원 건축공학과 공학석사
서울시립대 대학원 건축공학과 공학박사
시공기술사
현재 동의대학교 건축공학과 교수

임남기
영남대학교 건축공학과 공학석사
단국대학교 건축공학과 공학박사
공군시설장교
건축시공기술사
현재 동명대학교 건축대학 교수

정구용
현재 강원대학교 삼척캠퍼스 건축공학과 교수

알기 쉬운 **건축측량**

2006년 9월 10일 1판 1쇄 발행
2017년 2월 15일 1판 2쇄 발행

편 저 자 정영배 한천구 이학기 이상범 임남기 정구용
발 행 인 강 해 작
발 행 처 기 문 당
주 소 서울시 성동구 하왕십리동 966－22
전 화 02) 2295－6171(代)~5
팩 스 02) 2296－8188
출판등록 1976. 10. 7(1－44)
홈페이지 http://기문당
http://www.kimoondang.com
I S B N 978－89－7086－916－2 93540

정 가 12,000원

この編著書である「알기 쉬운 건축측량」内容の一部は、原書「圖設 建築測量」として、藤井衛、伊集院博、千葉一雄 著であり、産業圖書株式會社から發行されたものである。

본 편저서에 관한 지도편달은 〈restus@hanmail.net〉으로 보내주시면 반영하도록 하겠습니다.